JN293974

KINZAI バリュー叢書

郵政民営化と郵政改革

経済と調和のとれた、地域のための郵便局を

郵政改革研究会［著］

一般社団法人金融財政事情研究会

■はじめに

平成17（2005）年9月の総選挙を経て実施された「郵政民営化」は、平成21（2009）年8月の政権交代により、平成22（2010）年4月に郵政改革法案が閣議決定され、「郵政改革」が行われようとしている。平成23（2011）年3月の東日本大震災後、「郵政改革」に関する論評、報道は多くないが、「郵政事業」の「改革」はわれわれ国民生活に大きな影響を与える重要な問題と考えられる。

本書は、どのような「郵政事業」の「改革」が望ましいかを考えるため、「郵政民営化」と「郵政改革」を比較し、それぞれの考え方、各種資料等について整理しようとするものである。

「郵政民営化」と「郵政改革」を比較するものであるため、参考資料等は「郵政民営化」後のものとしており、「郵政民営化」前については省略している。

「郵政民営化」については国会審議等を通じて幅広い論点についてその考え方が明らかにされているが、「郵政改革」については十分ではないと考えられる。ある論点に対する「郵政改革」の考え方は本書の理解によるものであり、論評と区別するため、「郵政改革」における考え方については「……と整理されている」と記述している。

原則として平成23（2011）年3月末における記述であり、参考資料等もその時点までのものであり最新のものではない。参考資料等を引用する場合には引用頁を付すよう努めたが記載していない場合もあり、より適切な引用箇所、参考資料等もあると考えられる。また参考のため本文に注を付したが、必ずしも適切な注でない場合もあると考えられる。これらの不十分な点について、お詫びをし、お許しを願いたい。

本書の執筆時点で「郵政改革」はいまだ法案が成立しておらず、他方、「郵政民営化」も頓挫している。今後、どのような「郵政事業」の「改革」が行われるとしても、既得権を排し、経済と調和のとれた、地域社会のための郵便局となる「改革」が行われることを願っている。

平成23年8月

郵政改革研究会

凡例等

適宜、次のように略して表記している。

・郵政改革法案：「改革法案」
・日本郵政株式会社法案：「会社法案」
・郵政改革法及び日本郵政株式会社法の施行に伴う関係法律の整備等に関する法律案：「整備法案」
・郵政改革推進委員会：「郵政改革委員会」
・日本郵政株式会社、郵便貯金銀行及び郵便保険会社の株式の処分の停止等に関する法律：「郵政株式売却凍結法」
・郵政民営化法：「民営化法」
・日本郵政株式会社：「日本郵政」
・郵便事業株式会社：「郵便事業会社」
・郵便局株式会社：「郵便局会社」
・郵便貯金銀行：「ゆうちょ銀行」
・郵便保険会社：「かんぽ生命」
・独立行政法人郵便貯金・簡易生命保険管理機構：「管理機構」
・社会・地域貢献基金：「基金」
・日本郵政公社：「公社」
・簡易生命保険：「簡易保険」
・簡易保険加入者福祉施設：「かんぽの宿」
・郵便貯金周知宣伝施設および簡易保険加入者福祉施設：「かんぽの宿等」

私的独占の禁止及び公正取引の確保に関する法律は「独占禁止法」とするなど、法律名は適宜略称を用いている。

法律の条文を引用する場合の条番号等は、「第」の字を省略している。

ゆうちょ銀行とかんぽ生命を合わせて「ゆうちょ銀行等」としている。

関連銀行と関連保険会社を合わせて「関連銀行等」としている。

「ゆうちょ銀行等」と「関連銀行等」は異なるものであるが、郵政改革時にゆうちょ銀行等は関連銀行等となることから、区別せず原則として「ゆうちょ銀行等」としている。

「政府」と「国」は異なるものであるが、便宜上、区別せず使用している。

日本郵政によるゆうちょ銀行等の株式保有は、政府から見れば日本郵政を通じた間接的な株式保有であるが、便宜上、政府の「保有」としている場合がある。

株式の中に議決権のないものがあるため、郵政改革法案では「議決権」とされているが、便宜上、「株式」としている。

個人の肩書きを示す場合は当時のものとしている。

郵政民営化法の施行後の動向を「参考」に掲げている。原則としてHP等で確認ができるが、一部は報道による。

個人の著書、雑誌記事、新聞記事、HP文書、記者会見は「文献」とし、国会質問主意書は「主意書」とし、その他は「資料」とし、郵政改革に直接関係すると考えられる資料等を網羅的に「郵政改革関連」として「参考」に掲げている。「文献」は「郵政民営化の基本方針」の公表からとし、「資料」は郵政民営化法の成立からとし、「主意書」は第171回国会からとしている。

郵政改革と直接関係がないと考えられる資料等を引用する場合、「参考」に掲げず、注で記述している。

目　次

I

郵政民営化と郵政改革

II

郵政をめぐる論点

Ⅲ

郵政民営化の見直し

参　考

I 郵政民営化と郵政改革

1 郵政民営化の概要

(1) 郵政民営化までの経緯

郵政事業は、明治4（1871）年に郵便、明治8（1875）年に郵便貯金、大正5（1916）年に簡易保険が、それぞれ始められた。郵政事業の実施主体は、駅逓司をはじめ逓信省、郵政省などと変わったが国の直営事業として実施され、平成13（2001）年1月には郵政事業庁が実施主体となった。

かねてより郵政改革を主張していた小泉氏は、平成13(2001)年4月に内閣総理大臣に就任すると、郵政事業の実施主体を特殊法人である日本郵政公社（公社）に改め（平成15（2003）年4月）、さらに「平成19年から、郵政事業の民営化を実現します。このため、来年秋頃までに民営化案をまとめ、平成17年に改革法案を提出します」として（注1）、郵政民営化を内閣の最重要課題として推進することを明らかにした。

自民党内での議論を経て、平成17（2005）年4月に郵政民営化関連6法案（注2）が国会に提出され、衆議院で特別委員会における約109時間の審議の結果可決されたが、参議院において否決され、廃案となった（同年8月）。

この結果を受け小泉総理は直ちに衆議院を解散した。同年9月の衆議院選挙においては郵政民営化が争点となり、郵政民営化の必要性を掲げた与党（注３）が勝利した。郵政民営化関連６法案は国会に再提出され、民主党から提出された対案（資料１）とともに審議された結果、同年10月に成立、公布された。

（注１） 第157回小泉総理国会所信表明（平成15年９月26日）。
（注２） 郵政民営化関連６法とは、郵政民営化を推進する中核的な法律である「郵政民営化法」、特殊会社の設立根拠法である「日本郵政株式会社法」「郵便事業株式会社法」「郵便局株式会社法」、郵便貯金、簡易保険を承継する組織の設立根拠法である「独立行政法人郵便貯金・簡易生命保険管理機構法」、公社の廃止、日本郵政等への業務承継に伴う名称の変更など所要の経過措置を規定する「郵政民営化法等の施行に伴う関係法律の整備等に関する法律」である。ゆうちょ銀行、かんぽ生命は一般の株式会社であり設立について特別な法律はない。
（注３） 自民党「政権公約2005」、公明党「マニフェスト2005」。

⑵ 郵政民営化の概要

郵政民営化は郵政民営化関連６法で規定され、全体のあらましは次のとおりである。

① 平成19（2007）年10月１日に公社は解散し、郵便貯金、簡易保険は廃止する（注４）。

② 公社の４つの機能（郵便、窓口ネットワーク、貯金、保険）は４つの事業会社（郵便事業会社、郵便局会社、郵便貯金銀行（ゆうちょ銀行）、郵便保険会社（かんぽ生命））が引き継ぎ、これらの事業会社を束ねる持株会社として日本郵政を設立する（５社体制）。

③ 民営化前に預入等がされた郵便貯金、簡易保険（旧契約分）は、独立行政法人郵便貯金・簡易生命保険管理機構（管

理機構）が承継する。

④　日本郵政、郵便事業会社、郵便局会社は特殊会社とし、日本郵政が郵便事業会社、郵便局会社の株式の100%を保有する。政府は日本郵政の株式を３分の１超保有することが義務づけられ、３分の２の株式は売却等が行われる。

⑤　民営化時は、政府が日本郵政の株式のすべてを保有し、日本郵政が４つの事業会社の株式のすべてを保有する。

⑥　ゆうちょ銀行、かんぽ生命は一般の株式会社として設立し、日本郵政は２社の株式のすべてを移行期間（平成29（2017）年９月30日まで）に処分する。

⑦　ゆうちょ銀行の預入限度額、かんぽ生命の加入限度額等の業務範囲は、民営化時は公社と同様の業務範囲とし、株式売却の程度などを勘案し段階的に業務の拡大を認める。移行期間の終了までにはゆうちょ銀行等の株式のすべての処分が終了し、ゆうちょ銀行等は一般の金融機関と同じになる。

⑧　郵政民営化推進本部と郵政民営化委員会を設ける。郵政民営化委員会は、ゆうちょ銀行、かんぽ生命の業務範囲の拡大について意見を述べる等、郵政民営化の状況をチェックする役割を担うほか、３年ごとの総合的な見直しを行う。

⑨　郵政民営化委員会は民営化に先立って設立され、移行期間の終了時に郵政民営化推進本部とともに廃止される。

（注４）　民営化に先立ち、平成17年11月に郵政民営化推進本部が発足し、平成18年１月に日本郵政株式会社が成立し、同年４月に郵政民営化委員会が発足した。

(3) 各会社の概要

郵政民営化後の各会社の概要は次のとおりである。

a 日本郵政

① 郵便事業会社、郵便局会社のすべての株式を保有し、その経営管理を目的とする純粋持株会社である（事業を行わない）。

② ①の経営管理が必須業務であり、このほか、目的を達成するための事業を営むことができる（認可制）。

③ 民営化時にはゆうちょ銀行、かんぽ生命のすべての株式を保有するが、移行期間中にすべてを処分する義務を負う。株式を保有している間は、銀行持株会社、保険持株会社となり、銀行法、保険業法の特例規定がある（注５）。

④ 郵便貯金周知宣伝施設（メルパルク）、簡易保険加入者福祉施設（かんぽの宿）を暫定的に保有し、民営化後５年間で（平成24（2012）年９月30日までに）譲渡・廃止する義務を負う。

⑤ 政府は日本郵政の株式の３分の１超の保有義務がある。３分の２については売却等が行われ、できる限り早期に３分の１に近づける努力義務がある。ただし移行期間の終了までに処分をすることまでは求められない。

⑥ 社会・地域貢献基金（基金）を設け、社会貢献業務、地域貢献業務に必要な資金を交付する。基金はゆうちょ銀行、かんぽ生命の株式の売却益、配当収入等の一部を原資とし、１

兆円の積立て義務を負う（注６）。

b　郵便事業会社

① 郵便の業務及び印紙の売りさばきを行うことを目的とする会社である。

② 郵便の業務及び印紙の売りさばきが必須業務であり、このほか、国内外の物流事業など各種事業を営むことができる（認可制）。

③ 郵便の業務のうち窓口業務は郵便局会社に委託する。

④ 郵便のユニバーサルサービスを提供するが、ユニバーサルサービスから小包を除外する（郵便法）。

⑤ 第３種郵便物、第４種郵便物の公共的サービスを提供し、必要があれば基金から資金の交付を受け、社会貢献業務として実施する。

⑥ 特別送達等につき、信用力を確保するため新たな資格として郵便認証司を設ける（郵便法）。

c　郵便局会社

① 郵便窓口業務及び郵便局を活用して行う地域住民の利便の増進に資する業務を営むことを目的とする会社である。

② 郵便窓口業務が必須業務であり、目的内の任意業務として、地方公共団体の特定事務、銀行業、生命保険業の代理業務等の郵便局を活用して行う地域住民の利便の増進に資する業務を営む（届出制）ほか、各種の業務を営むことができる（届出制）。

③ あまねく全国において利用されることを旨として郵便局を

設置する義務を負う。郵便局は郵便窓口業務を行うものとされる。

④　郵便の業務のうち窓口業務を郵便事業会社から受託する。なお、簡易局へは再委託となる。

⑤　民営化時には、ゆうちょ銀行、かんぽ生命と安定的な代理店契約等を締結する。

⑥　過疎地の郵便局の維持など、基金から資金の交付を受け地域貢献業務を実施する。

d　ゆうちょ銀行

①　一般の株式会社として設立され、銀行法の免許を受けて銀行業を営む（注7）。

②　安定的な代理店契約を有することを免許の条件とする。

③　移行期間については郵政民営化法で業務制限を受ける。

④　預入限度額等の業務範囲は、民営化時は公社と同様の業務範囲であり、株式売却の程度などを勘案し段階的に拡大が認められ、遅くとも移行期間の終了時までに一般の金融機関と同じになる（注8）。

⑤　郵便貯金は廃止され、民営化前に預け入れられた通常貯金等はゆうちょ銀行に承継され銀行預金となる。定額貯金等（旧契約分）は管理機構に承継され、管理機構がゆうちょ銀行に預金する（特別預金）。

⑥　管理機構から、管理機構が承継した旧契約分に係る業務を受託する。

⑦　新たな銀行預金と旧契約分とを合算して預入限度額を管理

し、預金者はこれまでと同様の取引が可能となる。

e　かんぽ生命

①　一般の株式会社として設立され、保険業法の免許を受けて生命保険業を営む（注９）。

②　安定的な保険募集人契約を有することを免許の条件とする。

③　移行期間については郵政民営化法で業務制限を受ける。

④　加入限度額等の業務範囲は、民営化時は公社と同様の業務範囲であり、株式売却の程度などを勘案し段階的に拡大が認められ、遅くとも移行期間の終了時までに一般の金融機関と同じになる（注10）。

⑤　簡易保険は廃止され、民営化前に契約した簡易保険（旧契約分）はすべて管理機構に承継される。管理機構は旧契約分についてかんぽ生命に再保険に出す。

⑥　管理機構から、管理機構が承継した旧契約分に係る業務を受託する。

⑦　新たな生命保険と旧契約分とを合算して加入限度額を管理し、保険契約者はこれまでと同様の取引が可能となる。

（注５）　日本郵政が、ゆうちょ銀行等の株式の過半数を保有する場合、銀行持株会社、保険持株会社に該当し、事業会社の株式保有が禁じられるため、郵便事業会社、郵便局会社の株式を保有することができるよう銀行法、保険業法の特例が設けられている。なお、20％（一定の場合15％）以上の株式を保有している場合には銀行主要株主、保険主要株主に該当するが、特例は設けられておらず適用を受ける。

（注６）　１兆円を超えて任意に積立てを行うことも可能であり、２兆

円までは政令で定める計算ルールで積み立てることが明らかにされることで、積立てが促されるとされている。

(注7) 民営化時に、ゆうちょ銀行、かんぽ保険に対し、銀行業、生命保険業の免許が付与（みなし付与）される。

(注8) 移行期間の終了前に、日本郵政によるゆうちょ銀行等のすべての株式の処分が終了した場合または完全民営化が達成されたとの主務大臣の決定を受けた場合には、移行期間の終了を待たず、ゆうちょ銀行等の業務範囲等に関する規制が適用されなくなる仕組みとされている。

(注9) 注7参照。

(注10) 注8参照。

2　郵政改革の概要

(1)　郵政民営化後の動向

平成19（2007）年８月に、民主党は、国民新党、社会民主党とともに10月１日の民営化施行日を「別に法律で定める日」とするなど民営化を凍結させる法案（資料７）を提出し、郵政民営化の実施後、政府が保有する日本郵政の株式と、日本郵政が保有するゆうちょ銀行・かんぽ生命の株式の売却とを「別に法律で定める日」までの間凍結する法案（資料８）を提出したが、いずれも廃案となった。

平成21（2009）年８月の衆議院選挙で民主党が第１党となると、国民新党、社会民主党と連立政権を組み、郵政事業の抜本的見直しの方針の下（資料26、30）、国民新党亀井代表が郵政改革・金融担当相に就任し、10月20日に「郵政改革の基本方針」（資料31）を閣議決定した。これは、「郵政事業に関する国民の権利として、国民共有の財産である郵便局ネットワークを活用し、郵便、郵便貯金、簡易生命保険の基本的なサービスを全国あまねく公平にかつ利用者本位の簡便な方法により、郵便局で一体的に利用できるようにする」「郵便貯金・簡易生命保険の基本的なサービスについてのユニバーサルサービスを法的に担保できる措置を講じる」「現在の持株会社・４分社化体制を見直し、経営形態を再編成する。この場合、郵政事業の機動的経営を確保するため、株式会社形態とする」ものとして検討を進め、「「郵政改革法案」（仮称）を次期通常国会に提出し、その確実な成立を図るものとする」とするものであった。

政権交代後、郵政民営化委員会は開催されなくなり、10月には日本郵政の西川社長が辞任し財務省OBの斎藤氏が社長に就任した。また、12月には日本郵政、ゆうちょ銀行、かんぽ生命の株式に加え、かんぽの宿等を含めた処分を「別に法律で定める日」までの間凍結する法律（資料33）が成立した。政府は、郵政改革関係政策会議の開催（資料32、62、67）、関係者からのヒアリング（資料35～61）、意見募集（資料66）を行い、平成22（2010）年２月８日に「郵政改革素案」（資料68）を作成した。これに基づき郵政改革関係政策会議が開催されるなどして、４月30日に郵政改革関連３法案（注11）が国会に提出された。この間、ペイオフの上限額、預金保険料率、ゆうちょ銀行等の資金運用のほか、日本郵政グループの雇用、間仕切りなどの経営について閣僚の言及、郵政改革についての閣僚間での意見の食い違いが報道された。

郵政改革関連３法案は５月に約６時間の審議をもって衆議院で可決されたが、参議院では審議未了となり廃案となった。10月に再提出されたが衆議院で継続審議となり、平成23（2011）年の第177回国会で審議されることになった。なお、平成22（2010）年８月に郵政民営化委員会が再開され、11月にみんなの党から郵政株式売却凍結法を廃止するなど郵政民営化を推進する法案（資料132）が提出されている。

郵政民営化により、ゆうちょ銀行が全銀システムと接続したり、自前のクレジットカード事業、提携による住宅ローンを開始するなどの利便性の向上や、メルパルクの処分等の合理化が図られたが、他方、かんぽの宿の売却、東京中央郵便局の再開発計画をめぐり種々の問題が指摘され、日本通運と共同設立した宅配会社（JPエクスプレス）をめぐり混乱が生じた。

（注11） 郵政改革関連３法案とは、郵政改革を総合的に推進する中核的な法律である「郵政改革法案」、特殊会社の設立根拠法である新しい「日本郵政株式会社法案」、郵政民営化法を廃止するなど郵政改革に伴う所要の経過措置を規定する「郵政改革法及び日本郵政株式会社法の施行に伴う関係法律の整備等に関する法律案」である。ゆうちょ銀行、かんぽ生命は引き続き一般の株式会社であり特別な法律案はないが、関連銀行、関連保険会社に関する規定が郵政改革法案に規定される。

⑵ 郵政改革の概要

郵政改革は郵政改革関連３法で規定され、全体のあらましは次のとおりである。

① 平成24（2012）年４月１日に、郵便事業会社、郵便局会社を持株会社（日本郵政）に統合し、日本郵政は新たな特殊会社となる。

② ゆうちょ銀行、かんぽ生命は引き続き一般の株式会社とする。

③ 日本郵政は関連銀行（ゆうちょ銀行）、関連保険会社（かんぽ生命）の株式を３分の１超保有することが義務づけられ

る。３分の２については売却等されるが、売却期限や早期に売却する義務はない。

④　ゆうちょ銀行、かんぽ生命の業務範囲の制限は直ちになくなり、一般の金融機関と同じになる。ただし、預入限度額、加入限度額は恒久的に残り金額は政令で定められる。

⑤　郵政改革推進委員会を設ける。委員会は、主務大臣がゆうちょ銀行等に対し勧告を行う場合に意見を述べるなどを行う。なお、設置は公布日から１年以内で政令で定める日（３号施行日）とする。

⑥　政府は日本郵政の株式を３分の１超保有することが義務づけられる。３分の２については売却等されるが、売却期限や早期に売却する義務はない。

⑦　管理機構について施行後３年を目途として廃止についての検討を行う。

⑧　郵政改革関連法の公布日から３月以内で政令で定める日（２号施行日）に郵政民営化法を廃止する（郵政民営化委員会も廃止される）。

(3)　各会社の概要

郵政改革後の各会社の概要は次のとおりである。

a　日本郵政

①　郵便事業会社、郵便局会社を吸収合併した会社であり（改革法案26条）、郵便の業務、銀行窓口業務（銀行代理業）、保険窓口業務（保険募集等）、郵便局を活用して行う地域住民

の利便の増進に資する業務を営むことを目的とする会社（事業会社）である（会社法案1条）。

② 必須業務は、郵便業務、銀行窓口業務、保険窓口業務、関連銀行等の株式保有等、印紙の売りさばきであり（会社法案5条1項）、目的内の任意業務として、地方公共団体の特定事務、地域住民の利便の増進に資する業務を営み（届出制）、その他国内外の物流事業など各種事業を営むことができる（届出制）（同5条3項・4項）。

③ あまねく全国において利用されることを旨として郵便局を設置する義務を負う（会社法案7条）。郵便局は、郵便、銀行、保険の3つのすべての窓口業務を行うものとされる（同2条3項）。

④ 銀行窓口業務を行うため、関連銀行の株式を保有・管理し、銀行窓口業務契約を締結する（会社法案5条1項）。

⑤ 保険窓口業務を行うため、関連保険会社の株式を保有・管理し、保険窓口業務契約を締結する（会社法案5条1項）。

⑥ 銀行持株会社、保険持株会社であり、ゆうちょ銀行、かんぽ生命を子会社とする場合には、銀行法、保険業法の特例規定がある（改革法案48条～53条）。

⑦ かんぽの宿等の保有は経営判断で可能であり、譲渡・廃止する義務はない。

⑧ 管理機構から、旧契約分の郵便貯金管理業務、簡易生命保険管理業務の受託を行う（改革法案9条、附則2条）。

⑨ 政府は日本郵政の株式の3分の1超保有が義務づけられ

(改革法案3条)、3分の2については売却等が行われる。売却について努力義務はない。

⑩ 基金は廃止する。第3種郵便物、第4種郵便物の公共的サービス、過疎地の郵便局の維持に必要な資金は、日本郵政の収益で賄われる。

⑪ 郵便認証司の要件を緩和する(郵便法)。

b 関連銀行(ゆうちょ銀行)

① 関連銀行とは日本郵政と銀行窓口業務契約を締結する銀行のことであり(会社法案2条1項)、ゆうちょ銀行以外の銀行も関連銀行となることができる。

② 日本郵政は関連銀行の株式を3分の1超保有する義務を負い(会社法案8条)、銀行窓口業務契約を締結して銀行窓口業務を行う(同5条3項)。郵政改革時に日本郵政がゆうちょ銀行の株式の100%を保有し、ゆうちょ銀行が関連銀行となる(改革法案27条3項7号イ)。

③ 関連銀行には預入限度額があり、政令で定める金額を超える預金等の受入れができない。ゆうちょ銀行が関連銀行の場合には引き続き旧契約分と合算して限度額管理が行われ(会社法案10条)、限度額は郵政改革時に2,000万円に引き上げる(政令対応)。

④ その他の業務範囲に制限はないが、日本郵政が過半数の株式を有している間は、銀行窓口業務契約の内容の届出義務、遵守義務がある(改革法案64条)。

c　関連保険会社（かんぽ生命）

①　関連保険会社とは日本郵政と保険窓口業務契約を締結する保険会社のことであり（会社法案2条1項）、かんぽ生命以外の保険会社も関連保険会社となることができる。

②　日本郵政は関連保険会社の株式を3分の1超保有する義務を負い（会社法案8条）、銀行窓口業務契約を締結して銀行窓口業務を行う（同5条4項）。郵政改革時に日本郵政がかんぽ生命の株式の100%を保有し、かんぽ生命が関連保険会社となる（改革法案27条3項7号ロ）。

③　関連保険会社には加入限度額があり、政令で定める金額を超える保険契約ができない。かんぽ生命が関連保険会社の場合には引き続き旧契約分と合算して限度額管理が行われる（会社法案11条）、限度額は郵政改革時に2,500万円に引き上げる（政令対応）。

④　その他の業務範囲に制限はないが、日本郵政が過半数の株式を有している間は、保険窓口業務契約の内容の届出義務、遵守義務がある（改革法案67条）。

3 郵政民営化と郵政改革

郵政民営化と郵政改革のスケジュールは図表１のとおりである。

郵政民営化と郵政改革の組織その他の相違は図表２、３のとおりである。

図表1　スケジュール

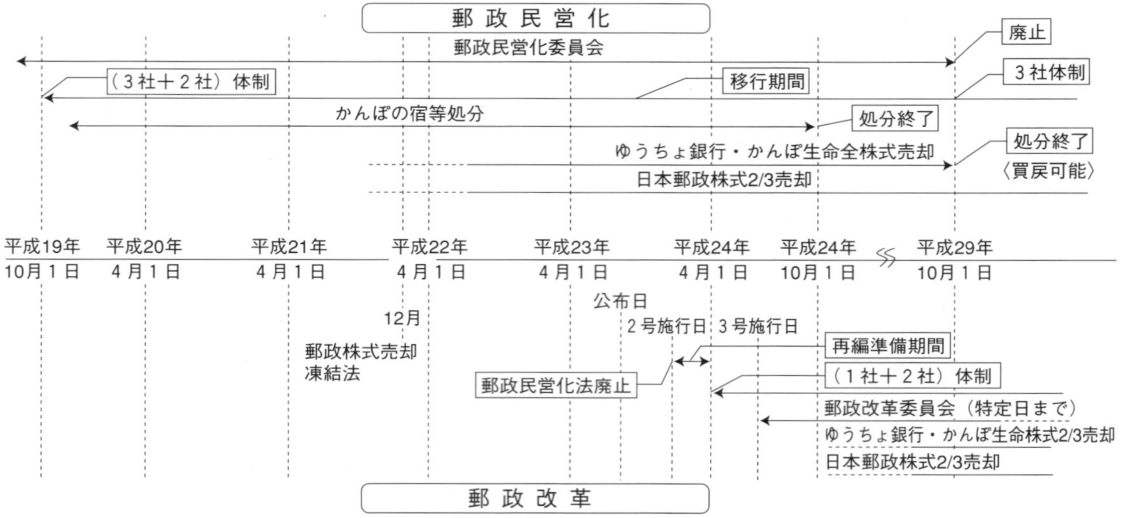

（注）　公布日は平成23（2011）年6月頃としている。2号施行日とは公布日から3月以内で政令で定める日。3号施行日とは公布日から1年以内で政令で定める日。特定日とは政府の日本郵政の株式保有割合が2分の1以下となり、かつ、日本郵政の関連銀行等の株式保有割合が2分の1以下となった日またはゆうちょ銀行等が関連銀行等でなくなった日。

図表2　日本郵政グループの再編成

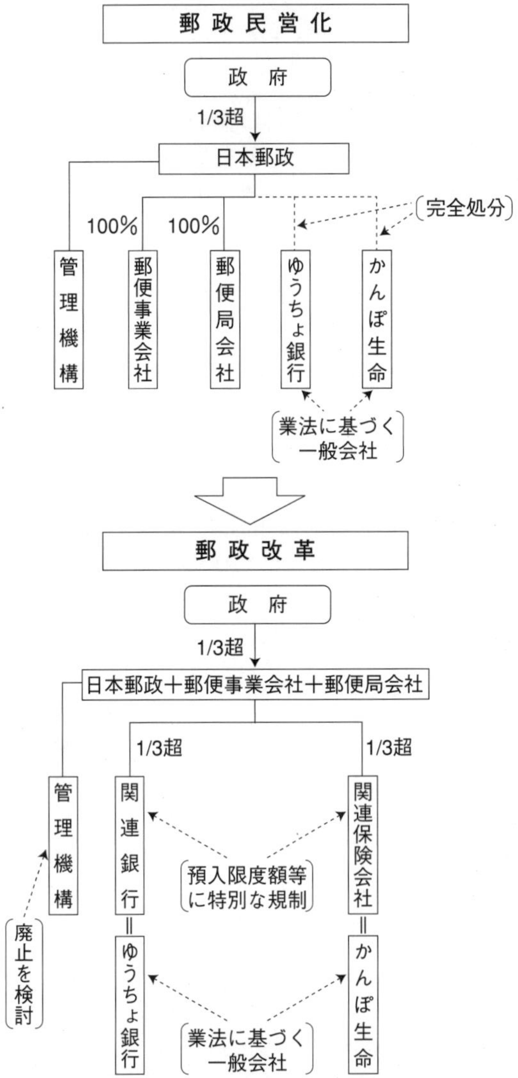
郵政民営化
政府
1/3超
日本郵政
100%
100%
完全処分
管理機構
郵便事業会社
郵便局会社
ゆうちょ銀行
かんぽ生命
業法に基づく一般会社
郵政改革
政府
1/3超
日本郵政＋郵便事業会社＋郵便局会社
1/3超
1/3超
管理機構
関連銀行
関連保険会社
預入限度額等に特別な規制
廃止を検討
ゆうちょ銀行
かんぽ生命
業法に基づく一般会社

図表3　郵政民営化と郵政改革の相違

論点	郵政民営化	郵政改革
3事業の一体利用		
金融と事業の分離	・日本郵政は純粋持株会社。事業を実施せず、金融と事業は分離される。 ・ゆうちょ銀行、かんぽ生命の株式は完全処分（注12）。 ・移行期間中のみ、日本郵政に銀行法、保険業法の持株会社の特例。	・日本郵政は事業会社。金融と事業は分離されない。 ・関連銀行、関連保険会社の株式の3分の1超を日本郵政が保有（郵政改革時に、ゆうちょ銀行が関連銀行に、かんぽ生命が関連保険会社となる）。 ・日本郵政が、ゆうちょ銀行、かんぽ生命の持株会社の場合、銀行法、保険業法の特例。
一体的利用	・郵政事業は、持株会社（日本郵政）と、郵便事業会社、郵便局会社、ゆうちょ銀行、かんぽ保険の4つの会社に分社（3社＋金融2社体制）。	・郵政事業に係る基本的な役務を郵便局で一体的に利用できる責務。 ・郵便事業会社、郵便局会社は日本郵政に合併する（1社＋金融2社体制）。

	・郵便局会社が、郵便事業会社から郵便事業を、金融機関から金融サービスを、それぞれ受託して実施。 ・コンプライアンスの徹底。	・日本郵政が、郵便事業、郵便局事業を実施するとともに、関連銀行等を保有し、金融サービスを受託して実施。 ・間仕切りを撤去。 ・総合担務を実施。
収支区分	・会社ごとに経理。	・日本郵政において事業区分。
ユニバーサルサービス		
郵便	・郵便事業会社に郵便のユニバーサルサービス提供義務。	・日本郵政に郵便のユニバーサルサービス提供義務。
金融		・日本郵政に、金融のユニバーサルサービス提供義務。 ・金融ユニバーサルサービスの対象は預金、送金、決済、生命保険。
	・すべての金融サービスは地域利便増進業務（郵便局会社の目的業務）として実施。 ・郵便局会社が、ゆうちょ銀行の銀行代理業者、かんぽ生命の生命保険募集人等として金融サービスを実施。 ・ゆうちょ銀行等に安	・その他の金融サービスは地域利便増進業務（日本郵政の目的業務）として実施。 ・日本郵政が、関連銀行の銀行代理業者、関連保険会社の生命保険募集人等として金融サービスを実施。 ・日本郵政に関連銀行

	定的な代理店契約等があることが免許の条件（移行期間中）。 ・ゆうちょ銀行等以外の金融機関から委託を受けることが可能。	等の株式の3分の1超の保有義務および金融窓口業務の締結義務。 ・ゆうちょ銀行等以外の金融機関を関連銀行等とすることは可能（事実上困難）。
その他のサービス	・地方公共団体の特定事務、地域利便増進業務は、郵便局会社の目的業務として実施。	・地方公共団体の特定事務、地域利便増進業務は、日本郵政の目的業務として実施。
郵便局	・郵便窓口業務を行うもの。 ・郵便局をあまねく全国設置することを義務づけ。	・郵便窓口業務、銀行窓口業務、保険窓口業務を行うもの。 ・同左（郵便局の定義は拡大）。
コスト負担	・郵便事業会社、郵便局会社の経営努力で事業を実施。 ・日本郵政に基金を設置し、不採算事業は、基金から資金の交付を受けて実施。 ・ゆうちょ銀行等の株式の売却益は日本郵政の収益。 ・完全売却まで、ゆうちょ銀行等の株式の配当は日本郵政の収	・日本郵政の経営努力で事業を実施。 ・基金は廃止。不採算事業は日本郵政の収益をもって実施。 ・同左。 ・ゆうちょ銀行等の3分の1超の株式の配当は、恒常的に日本

		益。 ・ゆうちょ銀行等の株式の売却益等の一部を基金に積立て。	郵政の収益。
イコールフッティング			
	金融	・すべての会社の業務について同種事業者との対等な競争条件の確保。 ・ゆうちょ銀行等は銀行法等に基づく一般の銀行、保険会社。 ・日本郵政による株式の完全処分が終了するまでの間のみ、銀行法、保険業法の規制に上乗せする規制があり、預入等の限度額があり、金額は政令で定められる（現在は各1,000万円、1,300万円）。 ・業務範囲や預入等限度額は、民営化後の状況等を勘案して段階的に規制を緩和。	・郵政事業と同種事業者との競争条件の公平性に配慮。 ・同左。 ・再編準備期間（2号施行日から郵政改革時までの間）は、郵政民営化の上乗せ規制がある。 ・郵政改革後、限度額は恒久措置として残り、金額は政令で定められる。 ・業務範囲は郵政改革後直ちに一般金融機関と同じとなり、限度額は引上げ（各2,000万円、2,500万円を予定）。

		・新規業務は政省令または許認可制。	・新規業務は届出。
	その他	・移行期間内、ゆうちょ銀行等、郵便事業会社、郵便局会社についてイコールフッティングへの配慮義務。	・特定日まで、郵政事業について、利用者の利便とイコールフッティングへの配慮義務。
	第三者機関	・郵政民営化委員会がすべての会社の業務を監視。 ・ゆうちょ銀行等の預入等の限度額も対象。 ・新規業務に係る政省令、認可は委員会が意見を述べる対象。 ・移行期間終了時まで監視。	・郵政改革推進委員会の監視対象は関連銀行等の新規業務のみであり、限度額は対象でない。 ・新規業務に主務大臣が勧告をする場合に委員会の意見の対象。 ・特定日まで監視。
経営基盤			
	新規業務	・必須業務以外の業務について、日本郵政、郵便事業会社は認可、郵便局会社は届出で実施。 ・ゆうちょ銀行等の新規業務は政省令での規制または認可（移行期間中）。	・必須業務以外の業務について、日本郵政は届出で実施。 ・関連銀行等の新規業務は自由（届出）（特定日まで）。
	郵便事業の経営	・郵便事業は収支相償で実施。	・同左。

	・郵便事業会社に他業を認め、郵便局会社の業務を自由化することで郵便局を維持。	・日本郵政に他業を認め、業務を自由化することで郵便局を維持。 ・さらに関連銀行等からの配当を郵便局維持に充てることが可能。
ゆうちょ銀行等の経営	・預金保険制度、保険契約者保護制度の適用。 ・段階的な業務範囲、限度額の拡大（移行期間中）。 ・完全民営化。	・同左。 ・郵政改革時に業務範囲は一般金融機関と同じ。限度額規制は恒久規制で、郵政改革時に拡大。 ・政府が株式の３分の１超保有。
合理化インセンティブ	・郵便局会社と、ゆうちょ銀行等との間の業務委託契約は第三者間取引。 ・基金から資金交付を受けるには、経営努力が前提。	・日本郵政と、関連銀行等との間の業務委託契約はグループ内取引。 ・関連銀行等からの配当を郵便事業等に充てることが可能。
政府の責任	・日本郵政の株式を政府が保有する分について政府に一定の責任。 ・完全民営化後は、ゆうちょ銀行等は民間	・同左。 ・関連銀行等の株式を政府が保有する分に

	企業。	ついて、政府の責任がある。
旧契約分	・管理機構が管理。 ・ゆうちょ銀行等に預入等をし、事務の取扱いを委託。 ・ゆうちょ銀行等以外の金融機関への預入等、事務の取扱委託が可能。	・同左。ただし廃止を検討。 ・同左。 ・日本郵政のみが事務の取扱いを受託できる。
税制	・民間企業と同じ。	・同左。 ・グループ内の消費税について非課税要望がある。
職員	・非公務員化。 ・医療、年金等については公務員共済を適用。	・同左。 ・同左。 ・労働環境への配慮規定がある。
かんぽの宿等	・5年以内に処分する義務。	・経営判断により保有可能。
郵便認証司	・監督責任者であることが要件。	・監督責任者以外も郵便認証司になれる。

(注12) 主務大臣（総務大臣、内閣総理大臣（金融庁長官））の決定後も日本郵政にはゆうちょ銀行等のすべての株式を処分する義務が引き続き残っているため、移行期間内は日本郵政がゆうちょ銀行等の株式を買い戻すことはできず、買戻しは移行期間終了後になる。ただし、主務大臣の決定後は子会社である郵便局会社等が株式を買い戻すことは妨げられないとされている。

Ⅱ 郵政をめぐる論点

1 経営形態

(1) 民営化

◎なぜ郵政民営化は必要であったのか

国による郵政事業の運営については、例えば、小包郵便物と運送事業者が提供する宅配便サービスとの競争条件の不平等、金融市場の歪みがもたらされること（郵便貯金における金利決定の仕組み、定額貯金の商品性、郵便貯金のみに認められるマル優枠、財政投融資への預託金金利の上乗せ金利等による資金シフト等）など種々の問題があることは従来から指摘されていた。

平成19（2007）年の郵政民営化においては、これらの問題が改めて議論されるよりも「官から民へ」という構造改革として議論された。政府にできることは限られており、民間でできることを国が税金を使って行う必要はないとの考え方や、郵政事業はいずれも民間企業が自由な経営の下で同様のサービスを提供しており、公務員でなければできない事業ではなく、民間による運営が十分可能であれば民営化は当然であるとの考え方に対し、次のような批判があった。

① 公社には税金が投入されておらず、民営化は行政改革につながらない。

② 公社のまま経営の自由度を高めれば、将来的にも十分経営

は成り立つ。

③　公社の職員は公務員であるが、税金によって賄われておらず、民営化は人件費削減に役立たない。

④　財投改革は終了しており、改革の必要はない。

⑤　郵便事業を民営化すればストが可能となり、ストがあれば国民生活に影響が大きい。

⑥　民営化すれば過疎地等で郵便局がなくなる。

⑦　民営化すれば過疎地等で金融サービスを受けられなくなる。

⑧　民営化すれば郵便局で郵便、金融の一体的サービスが受けられなくなる。

⑨　民営化すれば郵便局でひまわりサービス（注13）が受けられなくなる。

⑩　民営化によって、国民共有の資産が外資等に売却される。

⑪　公社職員から公務員の地位を奪うことは、職員の士気を低下させる。

①～④については、民営化に弊害があるとの反論ではない。特に①は税金が投入されていないとの認識が誤りであり、公社のままでは将来は事業が維持できないおそれがあるとされた（注14）。また②については公社形態では経営改善に限界があるとされた。⑤については、国民生活に大きな影響がでないよう、郵便の事業は労働関係調整法上争議行為に関して一般の事業と異なる特別の制限がある「公益事業」とされた。

⑥～⑪が民営化への懸念と考えられるが、これらの懸念があ

り、郵政事業が明治時代以来官業として実施されてきながら民営化が支持された背景には、社会保険庁や道路公団などにも見られた、税金や国民からの預り金を自分の金と勘違いして湯水のごとく使用する、ファミリー企業を育てて天下り先を増やす(注15)、地域の旅館・民宿を圧迫する宿泊施設を作った挙句に赤字を垂れ流す、といった事実に対する世論の怒りや、民間よりも高い給与（注16)、リストラと無縁な身分保障、効率化のインセンティブがない「親方日の丸」体質など公務員に対する厳しい世論の見方があると考えられる（注17)。労使一体で公務員の身分にしがみついた役人天国（注18)、天下り天国に対し、郵政民営化が圧倒的に支持されたと考えられる。

なお郵政民営化によって次のような利点が述べられることがあるが、金融市場の歪みの是正、郵政事業と民間企業とのイコールフッティングの確保等が本来の目的であって、この目的を達成すれば自ずともたらされる成果であると考えられる。

・国民の貯蓄が経済社会の活性化につながること
・より良質のサービスが効率的に提供されること
・新会社が民間企業と同様に税金を納める存在となること
・株式売却により財政の改善に資すること

(注13)　郵便物の配達を行う職員の手すき時間を活用して行う在宅高齢者などへの声かけなど。

(注14)　このほか、「身分保障がある代わりに競争試験で採用され、公私を厳格に分け、転勤もいとわないというのが一般的な国家公務員の姿だ。それと比べると、定年まで転勤がなく、庁舎に相当する郵便局舎を自ら提供し、世襲も多い特定局長は極めて異質な公務員だ。国家公務員という信用力をテコに地域への影響

力を強め、住民の「票」を武器に政治力を蓄えて既得権を守ってきた」(文献14：15、16頁)。

(注15) 民営化後、郵政事業の関連法人について報告書が作成されている(資料9、94)。

(注16) 平成22年地方公務員給与実態調査結果(総務省)によれば、都道府県では、学校給食員の給与は民間の調理師の平均1.43倍、バス運転手は民間バスの1.48倍、電話交換手は民間の1.84倍である。また地方自治体の普通会計の職員給を職員数で割った平均年収(平成21年度)679万円に対し民間の平均給与406万円(国税庁)であり、公務員の給与は地元企業を大きく上回る。さらに、「郵便事業会社で働く社員の平均年収はおよそ650万円。ヤマト運輸など他の大手物流会社社員に比べ2割ほど高い。ところが年間の総労働時間で比べると、郵便職員は他社の3分の2程度という。時間単価に直すと他社の1.8倍になる計算で、世間相場から大きくかけ離れている」(文献128：69頁)。

(注17) 過疎地の赤字局は国営だから維持できるとされるが、「国営だから赤字でも維持できるのではなく、国営だから赤字なのです」(文献12：13頁)。

(注18) 「なぜ、高コストの国家公務員型の特定郵便局を、民間委託型の簡易郵便局に転換しないのでしょうか？これも、国家公務員の身分を維持したいからです」(文献12：13頁)といった公務員批判に対し、「労働者の閉塞感の矛先は、ぬるま湯につかっているように見えた郵政職員に向かった。彼らは、郵政民営化の大合唱に乗じることで溜飲を下げたつもりなのかもしれない。公的部門の民営化が無条件にもてはやされる背景にも同じ心理が透けて見える。でも、彼らはなぜ、他人＝公務員を引きずりおろすのではなく、自分たちの待遇を引き上げよと主張しないのか。狭い了見のバッシングの代償は、将来、必ず自分たちが支払わされることになる」(文献24：188頁)との主張がされている。

◎なぜ郵政改革が必要なのか

郵政改革においては次のように整理されている。

郵政民営化の結果、郵政事業の経営基盤が脆弱になり、その役務を郵便局で一体的に利用することが困難となるとともに、あまねく全国において公平に利用できることについて懸念が生じており、このような事態に対処するため、郵政事業の経営形態を見直し、郵政事業に係る基本的な役務が利用者本位の簡便な方法により郵便局で一体的に利用できるようにするとともに、将来にわたりあまねく全国において公平に利用できることを確保する、ことが郵政事業の抜本的な改革である（改革法案1条）。

具体的な郵政民営化の弊害としては次のような点があげられている。

① 分社化により、

・郵便局内に間仕切りが置かれ、人が出入りできないなどの効率が低下した。

・郵便の不着申告について郵便局に問い合わせても答えが返って来るのに時間がかかったり要領を得ない。

・郵便局の窓口で臨機応変に対応してもらえず、待たされる。

・郵便事業会社のバイクが郵便局の敷地を利用できない。

・郵便局長が集荷できない。

・会計部門など共通部分を独自に設置する等により経費が増大した。

② 1人の職員が郵便、貯金、保険の3業務を担当する総合担務の廃止（郵便事業と金融業の取扱いの厳格な区分）により、

・効率が低下した。

・郵便外務員（郵便配達人）に貯金・保険に関する業務を頼め

ず、過疎地のお年寄りが困る。

③　コンプライアンス強化のため、

・各郵便局へ防犯カメラが設置され、防犯カメラが郵便局長が誰と会っているかなど職員の監視に使用され、職員の士気が著しく低下し、その結果、郵便の遅配・誤配が増加した。

・小さな村で顔見知りの関係でも本人確認のため身分証明書の提出が求められる。

④　民営化により、

・モラルが低下した。

・郵便の配達が以前より回数が少ない。

・年金の振込がされなかったり、内容証明郵便の認証手続のミス、かんぽ生命の払込証明の送付遅延などのトラブルが発生した。

・コスト削減のため、勤務日数や勤務時間の削減や雇い止め、非正規社員化などの雇用調整が発生した。

・物品調達が中央調達に一元化され、地元調達ができなくなっている。

・利益を確保するため合理化が進み過疎地を中心に簡易局が閉鎖され、約4,000あった局の１割強が一時的に閉鎖された。

・かんぽの宿等の不透明な売却が行われた。

⑤　民営化によっても、

・郵便物数が減少した（ピーク時の262億通（平成13年度）が198億通）。

・郵便貯金の残高が減少した（ピーク時261兆円（平成11年度）

が175兆円）。

・簡易保険の資産が減少した（ピーク時8,432万件（平成８年度）が4,038万件）。

⑥　日本郵政グループに次のような不満がある。

・監視カメラで監視されている。

・社会・地域貢献基金は使いにくい。

・監督官庁が複数あり、わずらわしい。

・管理機構による監査がわずらわしい。

・預入制限があるため、満期の定額貯金を預金として再び獲得することができない。

・税金や預金保険料の支払等、他の民間銀行と変わらないにもかかわらず、業務制限を受ける。

⑦　その他

・料金が下がるなど目に見えた民営化のメリットがない。

・将来金融サービスが受けられなくなる可能性があり、不安がある。

・ゆうちょ銀行等が郵便局から撤退した場合には、郵便局が赤字になるおそれがある。

これらの弊害（非効率性、経営不安）の原因は、民営化そのものではなく５分社化にあり、民営化の推進はそのままにして３社体制へ再編することで正すことができる、と整理されている。

しかし、弊害とされる内容を検討すれば、次のように考えることができる。

①、②については、基本的には運用で改善できる問題である（注19）。

③については、日本郵政グループは、そもそも民間会社として、会社法、バーゼル規制、金融商品取引法等を踏まえた内部統制、個人情報保護法に従った情報遮断・管理、犯罪収益移転防止法への対応などのコンプライアンス態勢の整備が喫緊の課題（注20）であり、不適切な対応が行われた事例があったからといって、コンプライアンス態勢の強化が不要となるものでなく、法制度を改めるべきものでもない。

④については、民営化による合理化努力をどう考えるかの問題である（注21）。郵政改革では引き続き民営化を維持しながらも、公益性と収益性の双方の実現を図ることができると整理されており、民営化への懸念（例えば郵便局でひまわりサービスがなくなる）はなぜか払拭されているが、郵便事業の法的位置づけは郵政民営化と郵政改革では異なるところはなく、経営姿勢の問題と考えられる。郵便局の維持への懸念については設置基準があるため問題とならない。また、かんぽの宿等の売却問題については総務省の認可を得て行われたものであり、ガバナンスの問題であった（資料22、98）。民営化の問題よりも、官業時代にかんぽの宿が作られた経緯（採算を度外視した立地、施設整備、料金設定等）や、かんぽの宿等の売却を認めた総務省の認可の審査内容が問われるべきものである（注22）。

⑤については、郵政事業をめぐる厳しい環境を踏まえて郵政民営化が行われたものであり、郵政民営化を改める理由とはな

らない。⑥についても郵政民営化を改める理由とはならない。⑦については、ゆうちょ銀行等の全銀システムへの接続、クレジットカード業務、変額個人年金保険の保険募集、提携銀行の取り扱う住宅ローンの媒介業務の開始などの民営化の成果もあるが、評価されていない（注23）。

①～⑦を見ても、情緒的な批判が多く運用で改善できるものも多い（注24）。郵政民営化を見直して郵政改革を行う必要性があるとすれば、金融のユニバーサルサービスの義務づけ、郵便事業（または郵便局）の維持に関してであると考えられる。これらは、郵政民営化の際において当初からの懸念（29頁⑥～⑧）としてあげられており、特に前者（金融のユニバーサルサービスの義務づけ）については考え方の相違であり、郵政民営化によって問題が顕在化したものではない。また、後者（郵便事業の維持）については、種々の解決策がありながら、日本郵政がゆうちょ銀行等の株式を３分の１超保有する方策を採ることは、郵政民営化が金融市場の歪みを排除するためのものであったことを否定することになりかねない。

（注19） 生田公社元総裁は「これまでの改革にも問題はある。配達員がお金を預かってくれなくなったとか、高齢者への声かけが減ったとか。だが、こうしたことは経営技術的に解決できる。大きな改革には副作用がつきもので、それをもって民営化を失敗と結論づけるのは、すり替えです」（文献66）としている。実際も、郵便事業会社が銀行代理業の許可を得れば、集配職員が預金を取り扱うことができ、郵便事業会社が郵便法72条の許可を得て郵便局会社に集配業務を委託すれば、郵便局会社の職員が集配業務を取り扱うことができるため、郵政改革を行わずとも郵政民営化の弊害を改善できる。これに対し、郵政改革では郵

便事業会社、郵便局会社の日本郵政への統合により、新日本郵政が銀行代理業の許可を得れば、新会社では、新たな法令手続を経ずに集配職員が預金を預かる等の総合担務が実現しやすくなると整理されている。

(注20) 「全国各地で続出している郵便局の犯罪・不祥事等のコンプライアンス違反は、民営化方針に伴う収益圧力と無関係ではありえない」(文献38：35頁) とする見方もあるが、郵政事業では、公社時代から不祥事が多発していた。例えば「渡切費横領事件が大きく報道されたときは、地方郵政局の指示を受けた郵政監察官がマネーロンダリングにかかわった特定局長会幹部を回って、帳簿改ざんの指導をしたという。警察権も何もあったものではない。組織ぐるみの隠ぺい工作をしただけのことだ」(文献10：33頁)。「郵政業務における「部内犯罪の発生状況」を調べてみると、年間10億円ぐらいの犯罪被害額があり、150人近くの検挙者が出ている。……政府がやっていることでこれほど問題が起きるというのは、監督官庁に問題があるということ。それから、そもそも物流と保険と金融を、一緒にやっていていいのかという問題もある」(文献16：54頁)。「コンプライアンス (法令遵守) の面でも問題があった。現金を扱うにしてはチェック体制が甘い。局長による横領事件も目立っていた」(文献33：40頁)。このため平成18年 9 月に「内部統制強化のための改善計画」がまとめられ、「部内者犯罪の防止」「現金過不足事故の防止」「郵便収入の適正管理」「保険募集管理態勢の整備」が最重要 4 項目とされ、計画の実行が経営上の最重要課題と位置づけられた。この一環として事務室内に防犯カメラの設置が進められた。ただし、民営化後も多額の横領等の不祥事件が起きており、平成21年度 1 年間で日本郵政グループで約20億円の横領等と1,000件以上のコンプライアンス違反事例が確認されており(主意書14)、平成21年12月 4 日には「法令等遵守に係る経営姿勢及び内部管理態勢に重大な問題が認められた」として業務改善命令を受けている。なお、公社時代には監察官制度があったが、信書便、宅配事業、金融事業において発生する犯罪については一般司法警察によって対応されており、日本郵政グループのみに対し特別司法警察職員を配置する必要性は高くないとして廃止されている。

(注21) 「民営化によって日本郵政のモラルが低下したと亀井大臣は言

う（09年12月４日）が、「何をもって、モラルが低下したと判断したのか。残念ながら、そのとき、具体的な説明はなかった。」金融庁の「ゆうちょ銀行及び郵便局会社に対する処分」が公表され、民営化の結果なのかと勘ぐってもおかしくないが、４件のうち３件は民営化以前のものである」（文献59：13頁）。

（注22）　このほか、東京中央郵便局の建替、宅配便事業の合弁会社設立などについても、総務省の認可審査の内容が問われるべきである。

（注23）　日本郵政により顧客満足度調査（資料13、23、136）が行われているが、これも参考とされていない。

（注24）「郵政民営化見直しをめぐっては、今、国民の視点に情緒論を訴えながら物事が進んでいます。……郵便局も……毎年数十局は、必要なところは新設しますし、利用客が少なくなり不必要と思われるところは整理統合します。……なくなったところだけを見て問題にする。それから、お年寄りへ声を掛ける掛けないという類の話は、官に戻さなくたって、民にだってやれるわけです。ただ、配達員が預貯金や簡保のお金も個人的に預りますというのは、過去に事故がたくさん起きて問題となって来ましたから、人情論のみでなく、コンプライアンス尊重の慎重な考え方を要します。本来あるべき政策論議は避けたうえで、近所に郵便局があったほうがいいかと聞かれたら、それは何となく心が温まって、誰でもあったほうがいいと答えますよね。しかし、彼らの言う情緒論は、経営技術でいくらでもカバーできます」（文献62：18頁）。

◎郵政改革では、なぜ公社に戻さないのか

郵政民営化の際、郵政関係者は公社形態を望み、民主党も郵便については公社で行うとしていた（資料１）。また、民営化によって合理化・効率化が進められ問題が生じているとしながら、郵政改革では公社形態を採らず株式会社形態を採っている。その理由は明らかではなく、合理化等によって生じた問題への制度的解決策も不明である。民営化が支持されているからとされる（注25）が、他方、政府がゆうちょ銀行等の株式の３

分の１超を保有することとし、完全民営化を否定し実質的な国有化となっている（注26）。

公社形態では民業圧迫の批判から逃れられず自由な経営を行えないが、民間企業であれば経営の自由度があり、さらに株主である政府の監視姿勢が弱い「民間企業」であるため、経営者はより自由な経営が可能となっている。職員にとっても、「民間企業」として、実質的には公務員と同様の「人間性」を持った職場環境を維持しながら、給与は労使交渉に基づくとして、ゆうちょ銀行等からの配当などをもって業績や合理化・効率化とは無縁に自由に決定することができる、政治活動の自由がある（注27）など、公務員であるよりも多くのメリットを「民間企業」であっても得られることが理解されたからこそ、郵政改革において公社形態が採られなかったと考えられる（注28）。

（注25）「「郵政縮小論」を掲げましたが、小泉改革を支持する民意によって否定されました。「自由な郵政事業」を目指すということで株式会社化がスタートしたのですから、それを前提に、様々な問題点を軌道修正しているわけです」（文献68）。

（注26）「今回の郵政民営化見直しは、民営化の初期的な問題や経営上の混乱とも見えることを逆手に取られた印象もあります。……国民新党案が生かされれば生かされるほど、官そのものになります。……むしろ率直に、郵政は民から官に戻し、再公社化すると言ったほうが、まだ国民は理解しやすいと思いますし、組織運営上も、まだ官としてのガバナンスが効きます」（文献62：10頁）。

（注27）「特定郵便局長は公然と選挙活動に奔走し、……民営化で「民間人」となった特定局長は大手を振って選挙に取り組むことができる」（文献38：42頁）。平成22年夏に発生したゆうパックの誤配は職員が政治活動に熱心なあまりに発生したとの報道（文献119）もあり、また、過去も「全逓東京中郵事件」「全逓名古屋

中郵事件」など歴史に残る政治活動事件がある。「政治との癒着も警戒しなくてはならない。郵便局の公共性が高まるというのなら、社員には政治的な中立性が求められるべきではないか。現状のように政治活動が放任されるなら、融資をはじめさまざまな業務で情実が絡んだり、政治利用と結びついたりしかねない。それでは公共性に背いてしまう。物品調達や資金運用で地域を重視するとすればなおさら、国営時代のような選挙運動や政治家の口利きを禁じるための万全の手だてが必要だ」（文献55）とあるように、公共サービスを強調する一方、政治的活動は禁止されない。

（注28）「官と民の中間にあるような中途半端なガバナンスに堕してしまったらどうなるか。それぞれの悪いところばかりが現れて、なかにいる人たちはガバナンスの空白地帯でやりたい放題になる可能性が高いでしょう。……中途半端なガバナンスのほうが好都合だからこそ、いま郵政の見直しを声高に叫ぶ人びとも、「再度、国営化する」とは決していわないのです」（文献49：89、90頁）。「政府案では……郵便局網の維持を名目に、全国郵便局長会（全特）の既得権を守るのに使われるわけです。「株式会社」だから民営化をやめていないという説明は、国民の目をあざむくものだと思います」（文献66）。

◎郵便事業は公務員でなければできなかったのではないのか

郵政民営化の際には、公務員でないと郵便は扱えない、特に内容証明等には信用力が必要として批判があったため、郵便法に「みなし公務員」規定が設けられ、郵便認証司制度が設けられた。

郵便認証司は内容証明等の信用性を担保する制度であり、任命の要件として「管理又は監督の地位にある者」とされた。郵政改革では、引き続き郵便認証司が設けられているが任命の要件から「管理又は監督の地位にある者」が外されている（整備法案３条）（注29）。十分な訓練を受けた適正な人物が任命されれば信用性は担保されると整理されるが、郵便認証司制度は、公務員にかえて管理・監督の地位によって信用性が生じるとされたものであり、訓練を受けた職員であれば信用性が担保されるとするのであれば、公務員でなければ郵便は取り扱えない等の見方は否定されるべきであり、郵便認証司は必要がなかった制度であると考えられるが、廃止されていない（注30）。

（注29）　少人数の郵便局においては、郵便局長等の管理・監督者（郵便認証司）自身が直接窓口で対応する必要があり、席を外せない、郵便認証司が不在な場合に内容証明等を行えない、といった不満がある。

（注30）　信用性を得るための訓練がどのようなものか想像が困難である。民間人となる日本郵政グループの職員に対し叙勲の機会や名誉を与えるために公的な資格として郵便認証司制度が設けられたとする見方もあり得る。

◎日本郵政グループの、年金、医療制度はどうなるのか

郵政民営化においては、国家公務員共済制度（共済制度）から、民間の厚生年金、健康保険への移行が原則とされたものの、

・新会社への円滑な移行のため、職員の待遇に関して配慮する必要があったこと

・厚生年金等への移行にあたっては、適用される制度の安定性や公平性が確保されるよう、移行の時期、具体的な移行の方法等について慎重な検討・調整が必要であり、一定の移行準備期間が不可欠であること

・旧３公社も、民営化当初は共済制度が適用されていたこと

から、当分の間の措置として、共済制度の適用を特例的に継続

することとされ、その後の公的年金制度の体系のあり方（年金一元化）の議論も念頭に置きつつ、適切な検討を行うこととされた。

郵政改革では、引き続き共済制度を適用することとされている（整備法案14条）が、郵政民営化の際の理由は、郵政民営化から５年以上経過している現状では移行できない理由にならず、共済制度が有利であるため厚生年金等へ移行しないとされたと考えられる。民主党も「年金制度を例外なく一元化する」としており（資料26）、日本郵政グループについて先行して厚生年金等へ移行することが可能であったと考えられる。

◎郵政民営化によって非正規職員が増加したのか。郵政改革は正規職員化するためのものか

日本郵政グループ（特に郵便事業）における非正規職員の増加は、公社時代から進められている。また非正規職員の増加は日本郵政グループに限らない事象であり、全雇用者に占める割合の３割以上が非正規の職員・従業員である（注31）。非正規職員の問題は経営の問題であり、日本郵政グループの非正規職員の正規職員化も、郵政改革法案の成立を待つことなく、日本郵政グループの経営判断により雇用条件の見直しの一環として行われている。正規職員化は人件費の増加をもたらすものであり、総人件費を抑制するため、正規職員としない非正規職員の雇い止め、新規職員の採用中止等を生じさせるものであり、日本郵政においても同様の事態が生じている（注32）。

非正規職員の問題は、郵政事業のあり方とは別に議論されるべき課題と考えられるが、「「政府の国民に対する責務」を果たす業務を担う「公益性の高い民間企業」のあり方として一考の余地があることから、日本郵政グループに対して、状況の把握と改善に早急に取り組み、安定した雇用環境の中で社員が適切に業務を遂行し得る環境をつくることを求める」とされている（資料68）。「公益性の高い民間企業」のあり方として非正規職員の問題への取組みが求められることは理解できるが、日本郵政グループのみに対して取組みが求められている。例えば国立大学でも非常勤職員が問題とされているが、政府は指導力を発揮していない（注33）。

（注31） 雇用者（役員を除く。5,111万人）に占める非正規の職員・従業員（1,755万人）の割合（34.3%）は、比較可能な平成14年以降で最高である（「労働力調査平成22年平均（速報）結果」（平成23年２月21日））。

（注32） 平成22年３月末に数千人規模の非正規社員の雇い止めを行うと報道（平成22年２月12日朝日新聞２面等）されており、また郵便事業会社は平成24年度の新規採用の中止を公表している。

（注33） 「それぞれの経営方針等に基づき、適切に定めるべきものであると考えており、お尋ねの事項について、現時点では把握しておらず、また調査、指導等を行うことも考えていない」（平成21年２月19日提出質問第50号（参議院）「国立大学の非常勤職員の雇用に関する質問主意書」（井上哲士））。

⑵ 分社化・一体経営

◎郵政改革で、日本郵政、郵便事業会社、郵便局会社の３社を１社とし、５社体制を３社体制とするのはなぜか

分社化の弊害として非効率性が指摘されるが、分社化には、コスト意識や業績評価が明確となり経営責任が明確化されること、専門性が高められること、結果として良質で多様なサービスが期待できることがメリットとしてある（注34）。企業内事業部制とするか分社化するかは経営判断によるが、郵政民営化においては、一般に事業と金融は分離すべきことから、ゆうちょ銀行等と郵便事業とが分離されたほか、郵便事業については、郵便局の機能と郵便の機能が異なること（注35）から、それぞれの機能を最大限に発揮させるため５分社（３社＋２社）化され、効率性はグループで共通部門の集約化等の工夫により対処すべきものとされた。

郵政改革においては、次のように整理されている。

郵政改革の趣旨は、現在の株式会社形態を前提としつつ、郵政民営化の弊害を取り除くことにある。その際には次の２つの視点から行う。

・分社化により困難となった、郵便・貯金・保険の郵便局における一体的な利用を可能とすること。
・ゆうちょ銀行等の完全民営化により懸念が生じている金融のユニバーサルサービスを確保すること。

経営形態に関しては、郵政事業を推進する組織はできる限り一体的なものとし、分社化による共通部門の肥大化等のロスを取り除くとともに、迅速な意思決定を容易にすることが適切である。

・郵便局における一体的な利用が可能となるよう、日本郵政、郵便事業会社、郵便局会社を統合し、郵便・貯金・保険のユニバーサルサービス提供義務を負う１つ

の持株会社とする（注36）とともに、

・ゆうちょ銀行等については、ユニバーサルサービスを確保しつつ、他の金融機関と競争環境にあるためできる限り経営の自由度が確保されるよう、持株会社と資本関係を持った一般会社とする。

郵便事業会社と郵便局会社の分社による弊害は運用で改善が可能と考えられる（注37）が、郵政改革においては、分社化による弊害は、組織分割によって業務、ガバナンスが分断されたことに根本的な問題があり、お互いの業務連携を密にすれば解決するといった議論は対症療法的であって構造的な問題解決にはならず合併が必要と整理される。しかし、郵政改革では、総合担務の廃止による弊害（32頁参照）について、金融業の郵便事業への一体化（日本郵政への統合）は行っていない。これは、ゆうちょ銀行等ができる限り経営の自由度を確保できるよう一般の金融機関としたため等と考えられるが、総合担務の廃止による弊害を構造的に解消する必要があるならば、ゆうちょ銀行等も合併する必要があると考えられる。運用による改善で足りるのであれば、分社化による弊害についても運用による改善で十分と考えられる。

郵政民営化においても日本郵政は郵便事業会社と郵便局会社の株式の100％保有が義務づけられていることから、日本郵政、郵便事業会社、郵便局会社の３社体制と、郵政改革による日本郵政の１社体制は同じとの見方もあり得る。しかし、郵政民営化では日本郵政は純粋持株会社であるのに対し、郵政改革では日本郵政は事業会社であり、かつ、ゆうちょ銀行等の株式を特例的に３分の１超保有することから、似て非なるものである。

(注34)「これだけ金融が高度化してきたので、単に専門性のみならず、顧客や関係先の保護のためにも、コンプライアンスをはじめ、全般に厳しい規律が求められているのに、郵政事業というのは「どんぶり勘定」的色彩が強かった。……合理化が遅れており、割高と思われる郵便局ネットワーク維持費用は、どんぶり勘定の下では、郵貯、簡保で出た利益で、あまり矛盾を感じないまま賄われていました。そういう状況を正常化するために、公社化と同時に、まず事業本部制にして、さらに分社化によって、おのおのの事業に合理性を求める形にするのが民営化だったのです」(文献62：15頁)。

(注35) 窓口ネットワーク機能は国民の財産であり郵政事業にとどまらず地域と密着した幅広いサービスを提供する拠点としてより多くの国民や企業が活用できることが重要であるのに対し、郵便の集配機能は集配センターを幹線道路沿いに配置するなど郵便局の配置とは異なるとされる。

(注36) 日本郵政が吸収合併存続会社、郵便事業会社、郵便局会社が吸収合併消滅会社とされている（改革法案26条１号）のは、現在の日本郵政が郵便事業会社等の株式のすべてを保有する完全親会社であり、簡易合併及び略式合併の適用を受けることができることから、別に新たな会社を設立し日本郵政等から新会社への事業譲渡を行う等の他の方法と比較して、金銭的及び人的負担の軽減、新体制への円滑な移行等の観点から、適当と整理されている。

(注37) 注19参照。

◎日本郵政、郵便事業会社、郵便局会社の３社を合併すれば、事業ごとの会計の透明性がなくなるのではないのか。どんぶり勘定となって経営合理化に支障が生じるのではないのか

これについては次のように整理されている。

３社の合併は、郵政のサービスを郵便局で一体的に利用することが困難となっている事態を解消し、分社化ロスを減少させるために行うものである。郵便事業については、現在と同様、郵便法の規定により適正な原価を償う形で行うこととされており、適切に経理されることとなる。また、業務の適切な損益管理の確保及び情報開示を図る観点から、再編成後の日本郵政は、業務の区分ごとの収支の状況を記載した書類を総務大臣に提出し、提出したときは公表することとされている（会社法案19条、24条）。具体的には、ユニバーサルサービスと位置づけられる、郵便、銀行、保険の業務及びこれらに密接に関連する業務と、その他の4つに区分することとしている。さらに、3社の合併により共通部門の効率化が図られることから、郵政改革を通じて郵便事業を担う新日本郵政の収支を改善の方向に促すことができると考えられる。

しかし、同一会社による経理区分では共通部門の経費の付替えが可能となるなど、分社化による独立した事業会社間の取引、経理に比べれば、その明確性は劣る。

◎3事業の一体経営はなぜ必要なのか。郵便、金融のユニバーサルサービスは郵便局で一体的に提供されることが必要か。日本郵政にゆうちょ銀行等の株式の3分の1超保有を義務づけるのは、ゆうちょ銀行等からの配当収入で郵便事業を維持しようとするものではないのか

郵政改革において、郵便局以外の場所でのサービス、ゆうちょ銀行等以外の金融機関による金融サービスの提供などは検討されておらず、郵便局での郵便、金融のサービスの提供など、従前の郵政グループによるサービスが当然とされ、3事業の一体経営の必要性は説明されていない。3事業の一体経営の必要性が利便性にあるとすれば、郵政グループ以外によるサービスの提供であっても利便性は損なわれないと考えられる。

また、3事業の一体経営の必要性は、金融事業からの収益による郵便事業等への補填をするためとも考えられるが、日本郵政にゆうちょ銀行等の株式の3分の1超の保有を義務づける趣旨は、金融のユニバーサルサービスの確保等のために、貯金・保険窓口業務の委託元であるゆうちょ銀行等がユニバーサルサービスに係る業務を行うことについて日本郵政が株主として一定の責任を持つ必要があるためであると整理され、郵便事業は現在と同様に、郵便法の規定により適正な原価を償う形で行い、ゆうちょ銀行等の株式配当等で郵便事業の赤字を補填しようとするものではないと整理されている。

日本郵政がゆうちょ銀行等の株式を保有することで配当収入があるため合理化インセンティブを失う懸念に対しては、日本郵政は株式会社であり、事業を営むものとして合理化のインセンティブが失われることはないと整理されているが、経営合理化を担保する仕組みはない。

なお、郵政民営化においては郵政事業の一体的経営のための株式の持合いや完全処分後の株式の連続保有が問題とされたが、日本郵政のゆうちょ銀行等の株式保有義務によって問題とされていない。

(3) 経営基盤

◎日本郵政グループは、金融業を行わないと経営が成立しないのか

公社が発足した平成15（2003）年度の公社の経常利益は2兆3,018億円であるが郵便業務の経常利益は263億円に過ぎず、郵政民営化後の平成22（2010）年度においても日本郵政グループの連結経常利益9,569億円に対し、郵便事業会社の経常損失890億円、郵便局会社の経常利益582億円であるように、金融部門の利益が大宗を占める構造に変化がない（注38）。

郵政民営化の際には、日本郵政とゆうちょ銀行等との資本関係がなくなれば、金融部門を持たない日本郵政グループ、特に郵便局会社について経営が成立しないと指摘された。これに対し、政府から「骨格経営試算」「採算性に関する試算」が示され、郵便局は集客力のある営業拠点であり、ネットワークを持つ強みを生かし、新しい業務を展開して収益を確保すれば経営が成り立つとされた。また、公社からの資産承継に際しても東京中央郵便局などの優良な資産が郵便局会社のものとされ、不動産を活用した経営が期待されている。

しかし、郵政改革では、例えば平成22（2010）年度の郵便局会社の経常利益は、骨格経営試算で1,517億円に対し決算で582億円であり大きく乖離しているなど、骨格経営試算の有効性に疑問があると整理されている。また、一定の前提を置いてシミュレーションをすることは可能であるが、経営を担うのは日本郵政グループであり、政府としてシミュレーションの結果に責任を負うことは困難であるため、郵政改革後の経営シミュレーションは行わないと整理されている。政府がシミュレーションの結果に責任を負わず、経営を担うのは日本郵政グループであることは郵政民営化でも郵政改革でも変わるところはないが、シミュレーションがなければ責任を持って政策判断ができないと考えられる。郵政改革では、郵政民営化のシミュレーションを疑問としつつ郵便局会社等の経営の見通しは否定的に考える一方、自らはシミュレーションを行わず日本郵政グループの経営の見通しは楽観的に考えている。郵政民営化により郵政事業の経営基盤が脆弱になったため郵政改革を行う必要があるとするならば、日本郵政グループがいつ頃どの程度の赤字となるのか、郵政改革のどの措置によってどの程度経営が改善するか等のシミュレーションは不可欠であると考えられるが、明らかにされていない。

郵政改革において、経営基盤の強化につながると考えられる措置は、次の①～⑤と理解される。

① 日本郵政への金融のユニバーサルサービスの義務づけによる、安定した金融収益

② 日本郵政のゆうちょ銀行等の３分の１超の株式保有義務に伴う配当収入

③ ゆうちょ銀行等の経営自由度の拡大による業務拡大の結果、受け取る委託手数料の増加

④　郵便事業会社、郵便局会社の日本郵政への統合による共通部門の効率化（コスト削減）

⑤　日本郵政の新規業務への進出が容易になること（認可から届出への規制緩和）による業務拡大

日本郵政グループにおいて金融部門の利益が大宗を占める構造を踏まえれば、①、②が郵政事業の経営基盤を脆弱にさせた郵政民営化に対する郵政改革の目的と考えられる（注39）が、金融のユニバーサルサービスを実現するためのものであるとされ、経営基盤の強化のためとはされていない。③、④については日本郵政グループの収支を改善の方向に促すことができるとされるが、どの程度の効果があるか定量的には明らかにされていない。また、⑤については、業務範囲の拡大がないため収益が増加するか疑問がある。

なお、ゆうちょ銀行等が郵便局から撤退した場合の私的な計算（資料96、116）が公表されているが、政府の見解ではなく、①～⑤を明らかにするものではない。

（注38）　郵便事業会社の経常損失は、JPエクスプレスからの事業承継に伴う費用の増加等によるものとされる。なお、「無集配局の職員は、ほぼ完全に郵貯と簡保によって支えられているとみることができる。また、集配のある特定郵便局でも、集配業務の負担は少ない場合が多いといわれており、実質的に郵貯と簡保で支えられていると見られる」（文献７：37頁）と言われ、日本郵政も「特に地方の小規模な郵便局の場合、その主な仕事はむしろ貯金と保険の業務にあるのです。というのは、配送事務は郵便事業会社がやっておりますから、郵便については、窓口で切手を売るとか、はがきを売るとかいうことでして、地方の小規模な郵便局は、実は仕事の過半は貯金とか保険の業務にあるということも事実なのです」（文献110）としている。

（注39）　郵政と同じく金融と事業の兼営が認められる者に農協がある。信用事業（金融）、共済事業（保険）を、農産物販売や経営・技術指導などの農業事業とともに行うことが認められているが、農協経営は農業部門の赤字を金融・保険の黒字で穴埋めする例が多い（平成20年度の全国770の総合農協の経常黒字は2,159億円で、金融が2,013億円、保険が1,734億円の黒字。その他は1,588億円の赤字）。例えば「他業禁止の特例ボーナスを受けて、信用事業と経済事業を兼業等し、それによって得た独占的地位に基づく農村社会主義体制のもとで、農家を生かさず殺さず、競争にさらせず、流通や資金調達の選択肢を狭め、独創性の発揮を妨げたからです」（文献142：30頁）と批判されており、行政刷新会議では、農協の改革に関し、一体経営の問題（融資の見返りに農家に取引を強要する、農業経営を起因として農協経営が不振となった場合でも信用秩序の維持を名目に他の貯金者の負担等を招く等）や、他の金融機関との競争上の不公平が指摘され、当初は「農協からの金融、保険事業の分離」が検討されたと報道されたが、維持されている。

◎郵政改革により、郵政事業の経営は改善するのか

郵政民営化時と郵政事業の現状を比較すれば、ゆうちょ銀行等の資金残高や郵便物数の減少など（注40）、郵政事業は“ジリ貧”状態にある。金融業についてはその破綻を回避することが郵政民営化の理由の１つとされており（注41）、郵政改革においてはゆうちょ銀行等の預入等限度額を早期に引き上げようとするものである。

郵便事業については、「郵便に関する料金は、郵便事業の能率的な経営の下における適正な原価を償い、かつ、適正な利潤を含むものでなければならない」（郵便法３条）とされ、郵便事業は収支相償とされるが「なるべく安い料金」で提供することが求められている（同法１条）。この仕組みを前提とすれば、

ゆうちょ銀行等からの配当収入だけでなく、郵便事業以外の事業からの収益は、郵便事業会社が行う物流等の事業からの収益であっても郵便事業に充てる（補填する）ことはできない（注42)。郵便事業に不可欠な営業拠点（郵便局）の経費や郵便事業会社における共通経費を、郵便事業以外の事業収益で賄うことにより、結果として郵便事業の経費が抑制される仕組みである。郵便事業の収益対策の点において郵政民営化と郵政改革は同じ方策を採っている。郵政民営化前は小包郵便物（ゆうパック）が郵便に含まれていたため、ゆうパックの収益で郵便事業を維持することもできたが、ゆうパックは郵便物ではなくなり、物流事業（宅配便）として他の事業と同様の位置づけとされる（注43)。

郵便事業の収益改善策として特別な方策がなく、かつ、郵便局を維持するために郵便料金を引き上げないとすれば、郵便局をどのように維持するかが問題となる。郵政民営化では郵便局会社はネットワークを持つ強みを生かせば経営が成り立ち、郵便局が維持されるとされるのに対し、郵政改革では郵便局会社の経営は成り立たない懸念があるとして、50～51頁①～⑤の対応が必要と整理されるものである。

金融のユニバーサルサービスの義務づけによる安定した金融収益（①)：日本郵政が収益を上げるために金融サービスの提供が必要と判断するのであれば、義務づけを待つまでもなく、金融機関と窓口業務契約を締結することとなる。日本郵政が望んでも金融機関が見つからないとの批判もあり得るが、適正な手数料が設定されるのであれば、ゆうちょ銀行等以外の金融機関との契約は可能と考えられる。郵政改革では、日本郵政は金融のユニバーサルサービスを義務づけられても関連銀行等が現れる保証がないため、ゆうちょ銀行等に契約締結を事実上強制する仕組みとされているが、手数料が第三者間取引として適正な水準で設定されるとすれば、得られる収益は金融のユニバーサルサービスの義務づけがない場合と変わらない。

ゆうちょ銀行等からの配当収入（②）：郵政民営化でも発生するが、移行期間に全株式の売却が行われ完全民営化後には生じないのに対し、郵政改革では、３分の１超の株式保有義務により永続的に発生する。さらに株式売却時期が明示されていないため、長期にわたりより多くの配当収入を期待できることとなる。他方ゆうちょ銀行等に政府が関与する問題を生じさせる。

ゆうちょ銀行等から受け取る委託手数料の拡大（③）：郵政民営化では移行期間中に徐々にゆうちょ銀行等の業務範囲が拡大することが予定されているのに対し、郵政改革では直ちに業務範囲が拡大され、預入等限度額が引き上げられることから、取扱高の増加により早期に委託手数料の増加が期待できる。しかし、業務範囲は郵政民営化の場合と異なることはなく、逆に預入等限度額があることから長期的には手数料が増加するかは不明であり、他の金融機関とのイコールフッティングの点でも問題を生じさせる。

統合による共通部門の効率化（④）：抽象的にはあり得ても具体的にどの程度の効果があるかは定かではない。

日本郵政の新規業務への進出（⑤）：業務範囲は郵政民営化と変わらず、認可から届出になったからといって利益が拡大するものではない。現在でも郵便局会社は届出によって自由に業務を行うことができるが、十分な利益を確保することができないと批判されている。

郵政改革では、①、②が得られないことを「郵政事業の経営基盤が脆弱」になったと理解していると考えられ、ゆうちょ銀行等の業務が拡大すれば日本郵政グループへの配当等が期待できることから、ゆうちょ銀行等の資金残高の減少、シェアの低下を懸念していると考えられる。しかし、日本郵政グループを維持するためにゆうちょ銀行等に収益が必要とすることは金融システムに歪みをもたらしていた郵政民営化前の姿に戻すものである。ゆうちょ銀行等の資産残高、シェアにあるべき数値はなく、その低下は官営金融（郵便貯金、簡易保険）が市場に溶け込む過程として当然とも考えられる。また民主党は郵便貯金の縮小を期待していたものである（資料１）。

なお、郵政改革によって大幅な赤字がもたらされるとの指摘が民営化推進者からある（注44）が、郵政改革の業務の骨格は郵政民営化と異なることがなく、郵政民営化において日本郵政（郵便事業会社、郵便局会社、日本郵政）の経営が維持できるとされていたことから、郵政改革でも日本郵政の経営は維持できるはずである。このため、経営への介入に伴う経費の増加（正規職員化、物品調達の変更、非効率な資産運用等）（注45）を除けば、赤字は、預入等限度額等が設けられるゆうちょ銀行等からもたらされることとなる。

(注40) ゆうちょ銀行預金残高：189兆円（平成19年9月末）→175兆円（平成23年3月末）。かんぽ生命総資産残高：114兆円（同）→97兆円（同）。郵便物数：224億通（平成19年3月期）→198億通（平成23年3月期）。ゆうメール：20.5億通（同）→26.2億通（同）。ゆうパック：2.4億通（同）→3.4億通（同）。

(注41) 「民営化で利便性が向上するとか、お金の流れを官から民に変えるという理屈は副次的でしかない。実は「民営化しないと郵政が破綻する」というロジックだった」(文献115)。

(注42) 「黒字事業と赤字事業をくっつければ、赤字補助の税金を節約できる、という発想だ。これを経済学では「内部補助」という。このモデルの最大の問題点は、赤字事業において効率化の努力が失われることだ。内部補助を導入しても、税金が節約されるわけではない。黒字事業が赤字事業の穴埋めに使われると、黒字が減って、支払う税金も少なくなるからだ。ただ、税金の投入が見えなくなるから、効率化努力も出てこない」(文献89)。

(注43) 「郵便事業が単独で生き残る道は完全に断たれた。90年代までは、宅配便事業を新たなビジネスチャンスにする可能性もあったが、今では先行する民間大手との格差が開き過ぎ、追随するのは困難な状況だ」(文献134)。

(注44) 「政策論としては、国有のままであれば、民業圧迫になるか、年間1兆円の国民負担が避けられないという点は動かしがたい」(文献83)。「見直しの意義が不明なまま、恐らく選挙の票目当てで今回のような修正を行うとして、いったいどのようなコストが国民経済にもたらされるのか。この点に関する説明も一切行われていない。筆者は、今回の改悪によって中期的に年間約2兆円の国民負担が生じることを指摘したい」(文献118)。

(注45) 「正社員の割高な人件費を非正規社員の労働力で埋めて初めて他社と競争していけるのに、減らすべき正社員を大量採用するとは、正常な経営判断からするとあべこべだ」(文献128：69頁)。正規職員化に伴う費用の計算は困難（主意書9）とされながら、亀井郵政改革担当相は、正規社員化の費用を「2,000億～3,000億円以上」としている。また、日本郵政グループは、競争契約の推進、施設関連費用の削減等の調達コスト削減の取組みの結果、平成21年度上期において前年同期比で合計約173億円の

物件費を削減している（主意書10）としている。

◎かんぽの宿等は、郵政改革によってどうなるのか

かんぽの宿等は、郵政株式売却凍結法（資料33）によって別に法律で定める日までの間、譲渡・廃止をしてはならないとされている。郵政改革では、郵便事業会社等を日本郵政に合併する日（郵政改革法施行日）まで引き続き譲渡・廃止を停止することが必要としており、その日より前に郵政民営化法が廃止されるため郵政株式売却凍結法を技術的に一部改正して効果を維持し、同日に同法を廃止し、譲渡・廃止が可能となるとされている。

郵政民営化においては、いわば「事業仕分け」の先駆けとして、日本郵政グループにおいてホテル業（かんぽの宿等）、病院業（逓信病院）を行う意義、民間会社としての採算性、ファミリー企業からの資材購入の状況等が検討され、かんぽの宿等の処分が義務づけられたと考えられる。処分の際にガバナンスが欠如したからといって、日本郵政グループがかんぽの宿等を経営する必要性が新たに生じるものではないと考えられるが、再編後、日本郵政は、本来業務の遂行に支障のない範囲内でかんぽの宿の業務を引き続き行うことが可能とされ、かんぽの宿等をどうするかは日本郵政の経営判断によることとされる（注46）。

（注46）　メルパルクについては、平成20年７月にワタベウェディングとの間で事業譲渡契約を締結し、10月１日をもって施設運営権がワタベウェディング100%出資のメルパルク㈱に譲渡され、従業員もメルパルク㈱に移籍した。ただし施設の保有は日本郵政

のままである。

◎日本郵政、ゆうちょ銀行等の株式の売却収入に係る見込み等はどうか

株式の売却額は、業績、将来性に対する市場の評価、株式市場の動向等の影響を受けることから、予想を含めて具体的な見通しはないとされる。ただし、直近の純資産の額を試算のベースにするなど一定の前提を置いて機械的に試算した場合には、日本郵政は約6.7兆円、ゆうちょ銀行は5.9兆円、かんぽ生命は0.8兆円とされる（注47）。ゆうちょ銀行等には永続的な預入限度額がある等一般の金融機関にはない規制があるため、一般の金融機関と同じ市場評価が得られるか疑問がある。

なお、日本郵政の株式売却収入は、現行法と同様に、政府保有義務分（３分の１）は一般会計に帰属し、売却分（３分の２）は国債整理基金特別会計に帰属し国債の償還財源に充てられる。

（注47） 日本郵政の純資産（平成22年度）は9.99兆円であり、PBR（株価純資産倍率）を１（時価総額は解散価値と等しい）とすれば約6.7兆円（9.99兆円×2/3）となる。同様に、純資産はゆうちょ銀行8.8兆円、かんぽ生命1.2兆円であり、PBRを１とすれば、ゆうちょ銀行の売却価値は5.9兆円（8.8兆円×2/3）、かんぽ生命の売却価値は0.8兆円（1.2兆円×2/3）となる。

2 ユニバーサルサービス

(1) 郵便事業

a 郵便事業

◎郵便のユニバーサルサービスの具体的な範囲はどうなっているのか

日本郵政がユニバーサルサービスを行う責務を有しているのは「郵便の役務、簡易な貯蓄、送金及び債権債務の決済の役務並びに簡易に利用できる生命保険の役務」である（会社法案6条）。

郵便については、郵便法に基づき提供が義務づけられている「郵便の役務」であり、第1種（封書）、第2種（葉書）、第3種（新聞等定期刊行物）、第4種（通信教育教材、点字郵便物等）があり、書留、配達証明、内容証明などが含まれる。小包郵便物（ゆうパック）については、民間の宅配便事業者からイコールフッティングの確保の強い要請もあり、郵政民営化時にユニバーサルサービスの対象外とされた。

小包郵便物を対象外とすることについては批判もあったが、郵政民営化では、経営の自由度を拡大し公正な競争をさらに促進するためであり、一部の宅配便事業者が既に全国集配ネットワークを概ね完成しているという実情を踏まえれば、競争上、郵便事業会社が小包郵便物の全国サービスを実施しなくなることは想定し難く、対象外としても全国でネットワークを構築する安心安全のイメージが重要であることから過疎地等において取扱いを止めるとは想定し難い、とされた。

郵政改革では、小包郵便物は引き続き対象外とされるが、それについての説明はない。郵政民営化の弊害を除去するとして新たに金融業がユニバーサルサービスの対象とされたことと比較すれば、小包郵便物はユニバーサルサービスの必要性はない、必要性があっても金融のユニバーサルサービスの必要性より劣る、小包郵便物は法令上の義務がなくとも実施されるなどと判断されていると考えられる。

◎郵便事業は国営にしないのか

郵政民営化においては、郵便事業は公務員でなければできない事業ではなく民間事業者が行うことは十分に可能とされ、郵便のユニバーサルサービスを確保するため特殊会社としたとされる。これに対し、全国を対象とする一般信書便事業者の参入がない実態からも、郵便事業は民間事業者ではできないとの批判があった。現在も一般信書便事業者の参入はないが、郵政改革においては、経営の自由度を高めるためとして引き続き特殊会社で行うことと整理されている。

◎特殊会社法や郵便法があり、事業計画の認可等によって郵便事業を監督できるのに、なぜ国は日本郵政の株式を保有するのか。国が株式を保有するとなぜ郵便のユニバーサルサービスが維持されるのか

株式が国に物納された場合や公的資本の注入のため一時的に国が金融機関の株式を保有する場合など例外的な場合を除き、国が会社の株式を保有するのは会社の活動について一定の責任を持つためのものと考えられる。経営が破綻した場合株式の毀損により損失を被ることでその責任を果たすほか、過半数の株式を保有すれば経営をコントロールすることができ、３分の１超の株式を保有すれば特定の者に経営が支配されたり株主権が濫用されることがないように会社の特別決議を阻止することができる（注48）。郵政改革においては、郵便、金融のユニバーサルサービス確保等のために、日本郵政の業務運営について、その継続性、安定性、公平性が維持され、特定の者に経営が支配されたり、株主の議決権が乱用されたりすることのないよう、政府が株主として一定の責任を持つ必要があるためと整理されている。

国が株式を保有するのであれば事業計画の認可等は要らないとの見方もあり得るが、株主権は株式価値の維持向上という観点から行使されるものであり、必ずしも特定の政策の遂行を念頭に置くものではない。主務大臣による事業計画の認可は特定の政策遂行を担保するために必要なものであって株主権で代替できるものではない。また、株式会社制度は「所有と経営の分離」を前置としており具体的な経営は経営陣に委ねられている。事業計画は株主総会決議事項でなく、取締役決議事項であることから、仮に事業計画の認可がないとすれば政府は適切な監督が行えないこととなる（注49）。

（注48）日本電信電話㈱は3分の1超、日本たばこ産業㈱は過半数の、国による株式保有が法律により義務づけられている。

（注49）郵便局会社は事業計画が届出とされるなど特殊会社でありながら自由な経営を行うことができる仕組みとされているが、これは、郵便局会社が独立し経理区分が明確であること、郵便の窓口業務については郵便事業会社からの委託により業務を営むに過ぎず、郵便事業会社の事業計画が認可であるため郵便局会社の事業計画まで認可とする必要がないこと、等による例外的なものであり、日本郵政の事業計画は認可制で自由に業務を行うことは認められていない。郵便局会社を合併した後の日本郵政も事業計画は認可とされている。

◎郵政改革でも第3種、第4種郵便物は提供されるのか

郵政民営化の際には、第3種、第4種の郵便物は採算が合わないサービスであるため、廃止や料金の引上げが懸念されたが、郵政民営化後も郵便事業会社により引き続き同様のサービスが提供されている。郵政改革においても日本郵政による提供が期待されている。

郵政民営化では経営が悪化した場合でも第3種、第4種郵便物サービスが維持でき、その必要額が明確となる仕組みとして基金が設けられたが、郵政改革では基金は廃止され、日本郵政の経営努力でサービスを継続すると整理されている。しかし日本郵政の経営が悪化した後もサービスが維持できるか不明であり、維持する場合に財政負担が生じるおそれがある。また、そ

の額もユニバーサルサービスの維持のコストなど他のコストと区別されず、不明確になると考えられる。

b 宅配便事業

◎日本郵政が行う郵便業務以外の業務（宅配便事業など）について、民間事業者とのイコールフッティングは保たれるのか

特殊会社に自由に事業を行わせる民営化は民間事業者の経営を圧迫するおそれ（いわゆる民業圧迫）を内在するものである。そのためイコールフッティング（競争条件の公平性）が求められるが、宅配便事業などについては、民間事業者から問題視されていた道路交通法等の法令適用、納税義務等の不平等は郵政民営化によってなくなっており、郵政改革においても引き続き同じ仕組みとされている。郵政民営化では郵便事業会社等が公社の事業を承継する点にかんがみ、移行期間中は同種の業務を営む事業者への配慮規定（民営化法77条、92条）があり、郵政民営化委員会の対象にされている。しかし郵政改革では日本郵政が行う新規業務は郵政改革推進委員会の対象外である。

郵便事業会社等を合併した日本郵政は事業会社である。一般に事業会社は金融子会社を保有できないが、日本郵政はゆうちょ銀行等を保有することができるため、宅配便事業などを行う際に他の事業者よりも有利な取扱いを受けていると考えられる(注50)。また、日本郵政の新規業務は経営の自由度を高めるためとして届出制とされるが、郵政民営化と比べ業務範囲の拡大は認められていない。経営の自由度が高まることで収益が良くなるとすれば、民間事業者を圧迫した活動を行うことを意味すると考えられる。

なお、民間の宅配便事業者など他の事業者が過疎地等の営業拠点として郵便局に業務を委託することができれば、物流のユニバーサルサービスがより確実に行われるなど、国民のためになると考えられる。制度上は郵便局へのアクセス（業務委託）は自由とされるが、日本郵政グループが同業者が有利になるような取扱いを認めるか疑問がある。

◎EMSについて、国際エキスプレス事業等とのイコールフッティングは確保されているのか

国際スピード郵便（EMS：Express Mail Service）とは荷物を迅速に配送する国際航空郵便サービスであり、国際郵便に関する条約である万国郵便条約において、各国郵政庁等がサービスを提供するかどうかを決定することができるとされている。条約に基づき、郵便法ではEMSは「提供義務がある（国際）郵便」と位置づけられており、郵政改革において制度的変更はない。

EMSは国際郵便というサービスの性質・態様、例えば個人を主体とする差出人が一方的に送付する場合が多く内容物を把握していない受取人による適正な申告が期待できないこと等を踏まえ、わが国を含めEMSを提供する国のほとんどで「賦課課税方式」（いわゆる「郵便通関」）が採られている（注51）。一般商用貨物では「申告課税方式」が採られていることから、日本郵政が行うEMSが国際エキスプレス事業よりも有利に取り扱われているとの主張、EMSが他の郵便事業からの利益の移転

(内部補助）を受けておりイコールフッティングに反するとの主張が米国・EUからある。

これについては次のように整理されている。

> 通関手続については、EMSを提供する他の国々と同様であり、郵便サービスについては金融サービスと異なりGATS上も内国民待遇を約束していないことから問題はない。また、内部補助については、郵便法で規定されている郵便サービスはEMSを含めすべてユニバーサルサービスとして位置づけられており、ユニバーサルサービスは対象とするすべてのサービスにより維持することから、EMSと他の郵便サービスとの間の内部補助は問題にならない。

EMSを含めた郵便サービスの取扱いは、郵政民営化と郵政改革で変わるところはないが、郵政改革では日本郵政が一般の事業会社と異なり金融子会社を持つことができることから、EMSを宅配便事業と捉える場合には、WTO協定上問題とされるおそれがある。

（注50）「ネットビジネスの決済などとの関係から郵便・物流と金融サービスのリンクを重視し始めているのは海外の巨大ポストや物流メガ企業だけではない。日本の宅配便企業にも同様の傾向がみられる」（文献１：200頁)。「『郵貯や簡保の営業で、子供が海外に留学している家庭にあたれば、すかさず国際スピード郵便を売り込んでみる。』民間企業であれば、当然金融と他業務の兼営は厳しく規制される。顧客の個人情報の隔壁（ファイアウォール）も必要だ。郵便局のあいまいな一体営業は税の免除等と並ぶ『官業ならでは』の優遇措置といえる」（文献14：61、62頁)。「物流企業が銀行を傘下におさめようとするのは、少し

も不思議なことではない。日本でも通販やデパートがクレジット会社を関連会社に持つように、決済のための金融業務を一手に引き受けさせるわけだ。ことに物流企業の場合、膨大な数に上る決済を傘下の銀行にやってもらえば、効率化が図れる。さらにインターネットを通じての決済が増えていけば、子会社の銀行を通じてネット通販による注文・配送・決済を完全に握ることができるようになる」（文献40：164頁）。

（注51） EMSを含む国際郵便全体について平成21年2月より内容品の価格が20万円超の場合には一般商用貨物と同様に「申告課税方式」が適用されている。このため内容品の価格が20万円以下のものについて差異がある。

(2) 金融業

a 金融業

◎なぜ金融のユニバーサルサービスが必要なのか

郵政民営化では、郵便貯金等が金利決定の仕組みなどによって金融システムに歪みをもたらすことからその是正が必要とされた。公社が提供していた機能（決済手段、少額貯蓄手段、生命保険契約を、全国において誰でも利用できること）については、廃止しても民間金融機関で提供できるため問題ないとされた。また、仮にゆうちょ銀行等と日本郵政の資本関係が解消されても、郵便局ネットワークに価値があるため、ゆうちょ銀行等が日本郵政と引き続き提携することや、他の金融機関が日本郵政と提携することが想定された。郵便貯金の廃止によって、金融機関に口座が持てないこと（いわゆる金融排除）や口座維持手数料等が上がる懸念が指摘されたが、現状においてそのような心配はなく、実際にも郵便局で金融サービスが続く見込みであるとされた。

郵政改革においては、金融のユニバーサルサービスの必要性は説明されておらず、さらに金融のユニバーサルサービスの対象が従前の少額貯蓄からなぜ拡大されるのかも明らかでない。金融のユニバーサルサービスの必要性は当然の前提とされ、次のように整理されている。

> 郵政民営化では金融のユニバーサルサービスが制度的に担保されていないことなどから、次の①、②のような問題があり、ⓐ、ⓑの措置を講じる。
>
> ① 日本郵政グループの経営基盤が脆弱化することによって、将来的には過疎地などから金融サービスを撤退するおそれがあるのではないかとの懸念が生じていた。
>
> ② 郵便局会社が金融サービスの継続を望んだとしても、郵政民営化では全株式の売却が義務づけられていることから、資本関係の切れたゆうちょ銀行等が郵便局を通じた金融サービスを縮小する恐れがあった。この場合、郵便局会社の経営基盤が脆弱化し、郵便局ネットワークの維持が困難になることも想定される。
>
> ⓐ 日本郵政に対し、あまねく全国において利用されることを旨として設置される郵便局で金融のユニバーサルサービスを提供する義務を法定化する。
>
> ⓑ ゆうちょ銀行等の経営の自由度を高めることや日本郵政がゆうちょ銀行等の株式を保有することにより経

営の弾力化や安定化を図るための措置を講じる。

ⓐ、ⓑの措置（具体的には、金融のユニバーサルサービスの確保について、基本理念（改革法案3条）、基本方針（同8条）で明記し、金融窓口業務を日本郵政の必須業務とし（会社法案5条1項）、日本郵政は郵政事業に係る基本的な役務を郵便局で一体的にかつあまねく全国において公平に利用できるようにする責務（同6条）、郵便局の設置義務（同7条）を規定）によって、金融のユニバーサルサービスが制度的に義務づけられるとともに、郵政グループ全体としての経営基盤が強化され、金融のユニバーサルサービスの安定的かつ継続的な提供が確保されることになる。

①については、日本郵政には郵便のユニバーサルサービス提供義務があり、それに必要な郵便局は廃止できず、経営基盤が脆弱化したからといって郵便局での金融サービスを停止すれば、さらに経営が脆弱化することとなる。②については、郵便局会社が金融サービスを行おうとすれば、ゆうちょ銀行等以外の金融機関と窓口業務契約を締結し、提供することが可能であることから、ゆうちょ銀行等との資本関係が必ず必要となるのではない。

金融排除や口座維持手数料等が上がる懸念については、金融のユニバーサルサービスの提供を日本郵政に義務づけるだけでは解決できない。また郵便の事業は労働関係調整法上「公益事業」とされ、争議行為に関して一般の事業と異なる特別の制限があり国民生活に大きな影響がでないように配慮されているが、金融についてはユニバーサルサービスを義務づけながらこのような措置を採っておらず、過疎地等においてゆうちょ銀行等がストを行っても問題はないこととなる。ただし関連銀行等には一定の条件に適合した窓口業務契約を締結することとされるため（改革法案64条、67条）、この条件として金融排除等を行わない旨を定めれば金融排除等の懸念が解決されることとなる。この条件が一般の金融機関に比べ不利なものであっても関連銀行等には窓口業務契約の締結が強制されると思われる。

◎３分の１超の保有義務では、ゆうちょ銀行等の株式の過半数を持つ株主が現れ、金融窓口業務契約の締結をしない可能性がある。金融ユニバーサルサービスを確保するため、政府が過半数の株式を保有する必要はないのか

これについては次のように整理され、日本郵政によるゆうちょ銀行等の３分の１超の株式保有で金融ユニバーサルサービスの提供が可能とされている。

① 窓口業務契約については日本郵政に総務大臣への届出が義務づけられており（会社法案９条）、契約の相手方の変更が不適当であると総務大臣が認める場合には、日本郵政に対して監督上必要な命令を出すことができる（同20条２項）。

② 郵政改革時の定款に金融ユニバーサルサービスを提供する旨を定めれば、政府が３分の１超の株式を保有するため関連銀行等であることを止めるような定款変

更を防ぐことができる。

ゆうちょ銀行等が窓口業務契約の締結をすることが金融のユニバーサルサービスの実現のために不可欠であるが、①についてはゆうちょ銀行等を拘束するものではないため、②が根拠と考えられる。しかし、金融のユニバーサルサービスを提供する旨を定款で定めるだけでは、ゆうちょ銀行等が郵政グループから離れる可能性がある。定款で定める金融のユニバーサルサービスを郵便局を利用せずに他の方法をもって実施できるのであれば、ゆうちょ銀行等は定款を変更することなく、関連銀行等を止める（窓口業務契約の締結をしない）ことができるからである。窓口業務契約の締結をすることを定めることを確実に担保するには、ゆうちょ銀行等の過半数の株式の保有を義務づけるのが適当と考えられるが、過半数の株式を保有すれば株主総会の普通決議において議決権を行使せざるを得ず、自主的な経営判断を行う一般の金融機関と位置づけることが困難となることから、株式保有割合は３分の１超とされている。

なお、郵政民営化の際には外資に買収される懸念など外資規制、敵対的買収防衛策の必要性が指摘され、民営化に反対する理由の１つとされた。外資規制等を必要とする理由は定かでないが、大株主が経営方針を変更し、ユニバーサルサービスを行わない、郵便局に業務を委託しない等の事態を阻止する趣旨であったとすれば、ゆうちょ銀行等の株式の３分の１超の保有義務をもって外資規制等は要らないこととなる。

◎金融のユニバーサルサービスは、「民間に委ねることが可能であるもの」か

郵政改革においては、金融のユニバーサルサービスは利益重視の民間企業のみでは十分に提供することは困難で、一定の政府の関与が必要であり、民間に委ねることが可能であるかどうかの検証を十分に行わずに性急に完全民営化を進めたことに問題があったと整理されている。しかし、「民間に委ねることが可能であるものは民間にできる限り委ねる」とは、民間で行うことができないことが明らかでなければ民間で行うことを意味し、その検証が十分に行われずに性急に郵政改革が進められることに問題があると考えられる。

利益重視の民間企業ではできないとの趣旨が、法令がなければ不採算地域でサービスが行われないことを意味するのであれば、金融機関に対して不採算地域での金融サービスの提供を義務づければ十分である。不採算地域でサービスが行われるには他の収益が必要であることを意味するとしても、金融機関は採算地域で収益を上げており、法令による義務づけにより不採算地域でサービスが行われることになる。

また、郵便局ネットワークに価値があれば、日本郵政に金融のユニバーサルサービスの提供を義務づけるだけで、郵便局と業務契約をする金融機関が現れ、金融のユニバーサルサービスは確保されるとも考えられる（注52）。これに対しては、郵便局ネットワークに価値があるとしても、

① ゆうちょ銀行等が直営店を拡大し一部の郵便局にだけ窓口

業務を委託する可能性があること。

② ビジネスモデルを転換して郵便局への業務委託を見直すことも考えられること。

から金融のユニバーサルサービスの提供が困難になる懸念があると整理されている。しかし、①については、ゆうちょ銀行等が直営店を拡大して自ら金融のユニバーサルサービスを実施することは金融のユニバーサルサービスの実施の観点からは否定されるべきことでなく、②については、ビジネスモデルの転換の原因が不適切な委託手数料額にあればそれを是正することで対応が可能であり、あるいは法令による義務づけで対応すべき問題と考えられる。

(注52) 「不人気商品が郵便局の手にかかると、売れ筋商品に変身した。その理由ははっきりしない。しかし、郵便局という営業ネットワークが、投資信託の流れをつくる存在にまでなっているのは事実だ」(文献33：97頁)。「郵便局は2万4,000もの拠点を抱えているため、金融商品を幅広いチャネルを通じて供給する意欲のある金融機関にとっては、大きな魅力のある提携相手となるだろう」(文献71：25頁)。

◎農協や地銀、信金等の地域金融機関、ATM網や生命保険募集人によって、既に金融のユニバーサルサービスは実現しており、金融のユニバーサルサービスを措置する必要はないのではないのか (注53)

これについては、次のように整理されている。

　地域の中小金融機関は、必ずしもすべての市町村に拠点があるわけでなく、金融のユニバーサルサービスの提供義務は課せられていないことから、自社の利益を重視し、過疎地等から撤退することも自由である。金融のユニバーサルサービスの義務づけは、郵政事業の利用者、中小地域金融機関等の関係者、有識者等からの多くの意見や要望を聴取しつつ検討を行い、郵政改革関係政策会議等における議論等を踏まえたものである。

農漁協が撤退したため委託先がなくなり、簡易郵便局が維持できない状況が生じているとの指摘はあるが、生命保険、共済が利用できなくなったとの指摘はない。また、郵便局以外の金融機関がない市町村は少なく、そのような市町村にだけ税金を投入して金融サービスを提供させることも考えられる（注54）。これに対しては、郵政事業は従来より税金の投入をせずに郵便・貯金・保険の3事業一体のユニバーサルサービスを提供できており、新たに国費を投入して不採算地域等に金融機関を誘致するよりも、郵便局ネットワークを活用し、日本郵政グループの経営努力によるほうが、国民の理解を得られやすいのではないかと考えたもの、と整理されている。

しかし、一般の金融機関が撤退するのであれば、民間金融機関であるゆうちょ銀行等も撤退（不採算地域等にある郵便局でのサービス提供の委託停止）するのが自然であり、撤退しないためには、理由が必要である。例えば、

① 郵便局ネットワークを全体として利用するメリットがある。

② 日本郵政に支払う委託手数料が市場価格よりも廉価である。

③　資本関係がある。

④　法令で強制されている。

等の理由が考えられるが、①であれば郵政民営化と変わるところはない。②であれば日本郵政の利益（納めるべき税金）を利用して手数料の割引きを行うものであり、日本郵政グループの経営努力ではなく税金の利用である。また、割引きによるのであれば相手方がゆうちょ銀行等でなくとも金融のユニバーサルサービスを維持できる。③は資本関係があるからといってゆうちょ銀行等が不採算地域等にある郵便局でのサービス提供の委託停止をしない理由になるとは限らない。特に過半数を有する株主がいる場合には、撤退が求められるおそれがある。したがって④の窓口業務契約の締結を強制することが金融のユニバーサルサービスの根拠となる。ゆうちょ銀行等は窓口業務契約の内容が自らに不利と考える場合には、窓口業務契約を締結しない自由があるが、郵政改革時において窓口業務契約を締結することとされ、契約の締結が強要されているものである。

（注53）「民間金融機関の店舗・ATM等のネットワーク網は充実しており、全国1,778市町村中で民間金融機関の拠点が存在しないのは16町村にとどまっている（世帯数は約9,200世帯、人口は約20,000人）。郵便貯金事業の制度目的・意義は乏しくなっている」（資料73）。「10万を超える生命保険会社の拠点・代理店と100万名を超える募集人が全国を網羅している。生命保険において「金融過疎」問題は発生していない」（資料76）。

（注54）「ユニバーサルサービスの提供が困難な過疎地域において最低限の金融サービスを確保するために必要なコストを明確にし、そこに焦点を当てた検討をすべきである」（農林中央金庫「ご説明資料」（資料78））。「金融過疎で困っている地域を特定したうえで、他の金融機関を含めて解決策を考えればいいことである」

（文献82）。

◎金融のユニバーサルサービスが損なわれた具体的な例があるのか

これについては次のように整理されている。

> 郵政民営化前に、簡易郵便局の一時閉鎖が一時的に急増し、金融のユニバーサルサービスを利用できる窓口が減少した事例、郵政民営化後、民営分社化に伴い、郵便の配達担当社員が配達途中に貯金等を預かることができなくなる等の事例が発生しており、このままでは地域の利用者の利便性が損なわれる懸念があるとの指摘があった。さらに、郵政民営化法によりゆうちょ銀行等の株式が完全に処分されれば、郵便局を通じた金融ユニバーサルサービスが確保できなくなるとの懸念があった。

しかし、郵便局の閉鎖については、郵便局の設置基準やその監督の問題として対処されるべき問題である。郵便の配達担当社員が貯金等を預かる総合担務の問題については金融のユニバーサルサービスと無関係の問題であり、金融のユニバーサルサービスが損なわれた具体例として適当ではないと考えられる。

◎金融のユニバーサルサービスとして、どの程度の内容が必要とされるのか

郵政改革素案（資料68）においては、ほとんどの郵便局で提供し、多数の取扱いがあり、国民生活に定着しているサービスをユニバーサルサービスとするとの基本的考え方が示されている。

日本郵政がユニバーサルサービスを行う責務を有しているのは「郵便の役務、簡易な貯蓄、送金及び債権債務の決済の役務並びに簡易に利用できる生命保険の役務」である（会社法案6条)。金融サービスについては、銀行代理業、生命保険の保険募集などであり、総務省令で定められる。総務省令では多数の取扱いがあり国民生活に定着しているとして、次のものが定められることが想定される。

① 銀行代理業：預金（通常貯金、定期性貯金）の受入れ、為替、振替

② 保険募集、事務の代行：生命保険（終身保険、養老保険）の募集、保険金の支払事務

住宅ローンなどの貸付業務、投資信託等の他の金融商品の販売はユニバーサルサービスの範囲から除かれており、保険であってもがん保険や損害保険は対象外である。

金融のユニバーサルサービスが、なぜ①、②に限定されるかは明らかにされていない。金融過疎地においては、預金に限らず投資商品や、損害保険等の保険商品など種々の金融商品の提供が行われることが望ましく、金融のユニバーサルサービスが必要とすれば①、②に限定する必要はない。例えば生命保険の世帯加入率は約90％、損害保険の世帯加入率は約45％であるが、普及率が高いものは万人に提供する必要があるためユニバーサルサービスが必要とされるのか、どの程度の普及率をもって必要性が判断されるのかは定かではない。①、②に限定さ

れるのは、郵便貯金、簡易保険が郵政事業として提供されていた経緯のためと考えられる。

インターネットの普及により金融のユニバーサルサービスはネットバンクなどにより実現されていると考えることができる一方、ITリテラシーの状況を踏まえれば、有人、対面での金融サービスが提供される必要性があるとも考えられる。金融のユニバーサルサービスが有人、対面でのサービスを求めているかは不明である。「利用者本位の簡便な方法」での提供の責務（会社法案6条）が実質的に対面サービスを義務づけているとも理解できるが、ATMの設置だけで十分な場合もあり、保険については集金に出向くことなどによって営業所がなくともサービスを実施することができる。金融のユニバーサルサービスが有人、対面でのサービスを意味するとしても郵便局でのサービスに限定されないと考えられるが郵便局でのサービス提供が責務とされる（同条）。また、資格を問われずに口座を持てることや無料・低廉な口座維持手数料とすることが金融のユニバーサルサービスの内容であるかも不明である。

さらに、公社時代まではユニバーサルサービスとして少額の貯蓄手段、生命保険の提供が考えられていた（注55）が、郵政改革においては、預入等限度額の引上げが予定されているように少額に限定されていないが、なぜ少額に限定されないのか、限定される場合いくらが金融のユニバーサルサービスの内容となるかは不明である。

（注55） 公社時代、「簡易で確実な貯蓄の手段としてあまねく公平に利

用させること」（旧郵便貯金法１条）、「簡易に利用できる生命保険を、確実な経営により、なるべく安い保険料で提供」（旧簡易生命保険法１条）することが目的として規定されていた。条文では郵政改革と違いはないが、実際には、預入等限度額は少額に限定されていた。

◎どの程度の地域で金融サービスが提供されればユニバーサルサービスとなるのか

郵政改革素案（資料68）においては、サービスを行うための拠点については、郵便局ネットワークを維持すること、特に中山間地等の過疎地域に留意することとの基本的考え方が示されており、現行の水準を低下させないことを旨として、地域住民の需要、地域特性等を勘案の上、設置基準を定めることとされている。

しかし、これは郵便局の設置基準を述べるものである。現在、約4,000の郵便局では金融サービスが提供されていないが、このような状況でも金融のユニバーサルサービスは実現されているとするのか、新たにこれらの郵便局で金融サービスが開始されるかは明らかではない。

◎郵政民営化においても金融ユニバーサルサービスは確保できたのではないのか

郵政民営化では、

・あまねく全国で利用されることを旨とした郵便局の設置基準があること。

・ゆうちょ銀行等に郵便局会社との安定的な代理店契約等を移行期間中義務づけていること。

・郵便局ネットワークに価値があり、ゆうちょ銀行等との連携が続くと見込まれること。
・郵便局会社で地域住民の利便増進業務が会社の業務とされていること。
・過疎地等の郵便局でも金融サービスが提供できる社会・地域貢献基金があること。

などから郵便局において金融サービスは提供され、仮にサービスの提供状況について何らかの問題があれば郵政民営化委員会において見直しが行われ、必要な対応が採られることから、金融サービスの提供を義務づける必要はないとされた。

郵政改革においては、
・郵便局で金融業務を行うことは義務づけられていないこと。
・代理店契約の義務づけは移行期間のみであり、その後は義務づけられていないこと。
・基金があっても郵便局会社が金融業務に使うことは担保されていないこと。
・株式の持合いが認められたが、一度完全に市場に売却された株式を経営判断として多額の資金を投入して購入するか、購入するとしても市場で必要な株式を確保できるか不明であり、確保しても金融サービスの提供が義務づけられていないことから、金融サービスの実施の担保にならないこと。

などから、金融ユニバーサルサービスの提供は制度的に担保されておらず、経営判断に依拠しており、日本郵政グループが利益を重視し過疎地等から撤退することが可能であるとして、金融のユニバーサルサービスの確保について所要の規定を設けたと整理されている。

金融のユニバーサルサービスが実現されているか、実現されていない場合にコストをかけてまで実現すべきか、どの程度のコストであれば実現を図るべきか、などは人により判断が分かれると考えられる。

◎民間の金融機関では金融のユニバーサルサービスの実施が困難であるとしても、基金により実施が担保されるのではないのか

これについては、郵便局会社が基金から資金の交付を受けることができても、過疎地域等で金融サービスを行うことが義務づけられておらず、金融サービスの提供は経営判断に依拠するものであることから不十分であるなどとされ、基金は廃止すると整理されている。

しかし、郵便局会社は、「郵便局を活用して行う地域住民の利便の増進に資する業務を営むことを目的とする」会社（郵便局株式会社法１条）であり、地域において金融サービスのニーズがあれば、それを実施しようとするのが当然であり、義務づけがないから提供しないとするのは適当ではないと考えられる。また、金融サービスを実施するための金額が十分に確保できるかは、郵政改革においても不明である。

◎金融のユニバーサルサービスが必要であるとしても、郵政改革での措置ではなく、別の方策があるのではないのか

金融のユニバーサルサービスを提供するため次の方策が考え

られる。

① 再び国が実施する。

② 金融のユニバーサルサービスの提供を目的とする金融機関（政策金融機関）を設立することとし、ゆうちょ銀行等を政策金融機関とする（注56）。

③ ユニバーサルサービスの提供を目的とする金融機関の準則法（ユニバーサルサービス銀行法、ユニバーサルサービス保険業法）を設ける。過疎地等での金融サービスの提供義務以外、他の銀行、保険と同じ金融機関とし、その設立・金融サービスの提供を待つとともに、ゆうちょ銀行等をユニバーサルサービス金融機関とする。

④ 不採算地域において金融サービス提供のための補助を行う仕組みを作り、一般の金融機関にサービスの提供を促す。例えば、日本政策金融公庫の指定金融機関制度のように、一般の金融機関から申請を受けてユニバーサルサービスを実施する金融機関を指定し、国が補助金を交付して過疎地等での金融サービスを実施させる。また例えば、NTT東日本や西日本が加入電話などのユニバーサルの提供を確保するために必要な費用を電話会社全体で応分に負担する仕組みが採られているように、金融機関全体で金融ユニバーサルサービスコストを負担する仕組みとする（注57）。

⑤ 日本郵政に対し金融のユニバーサルサービスの提供義務を課す。日本郵政は地域ごとに各金融機関と連携することでユニバーサルサービスを実施する。

③は、不採算が想定されるためそのような金融機関は現れないとの批判が考えられるが、一般の銀行も社会的に重要な役割を担いながらその設立・サービスの提供は保証されていない。あくまで採算を判断した上で民間による設立・サービスの提供が行われるものであり、必要があれば④と同様に特別の補助（例えば税の優遇措置、補助金）を行う仕組みとすればその設立を期待できる。この場合に、ゆうちょ銀行等がユニバーサルサービス金融機関となればよい。ゆうちょ銀行等をはじめ、すべての金融機関が自主的な判断の下で業態を転換しユニバーサルサービス金融機関となることができる仕組みであれば、競争条件の公平性を害することはなく、外国金融機関も参入可能でありWTO協定等との抵触もない。④は、補助金等をもっていわゆる金融過疎地域を解消しようとするものであり、確実に金融サービスが提供されコストも明確になる。⑤の場合、日本郵政は様々な金融機関と交渉をして提携を図ることができるため、日本郵政は特定の金融機関と資本関係を持つ必要はない。

このように金融ユニバーサルサービスの実現のためには種々の方策があり得るが、郵政改革において検討はされていない。

（注56）「筆者は日本郵政と郵便事業会社、郵便局会社の３社を合併させた「日本郵便ネットワーク会社」の傘下に、銀行法など業法でなく特別法に従うゆうちょ銀行とかんぽ生命保険をぶら下げるNTT型の３社体制などを提案してきた」という考え方がある（文献52：77頁）。

（注57）「金融界全体にその責任を負わせ、サービスを提供するか、提供しないならば費用を分担して負担させる仕組みを導入してはどうか」（文献133）。

◎海外における金融のユニバーサルサービスの現状はどうか

これについては次のように整理されている。

> 金融のユニバーサルサービスは、その定義にもよるが、例えば、郵便局を通じた金融サービスの提供を法令上義務づけているものとして、
>
> ① 韓国では、国営事業として、郵便局を通じた貯金・保険サービスの提供を法令上義務づけ
>
> ② スイスでは、スイスポスト（政府出資100%の公社）に対し、郵便局を通じた貯金・振替サービスの提供を法令上義務づけ
>
> ③ フランスでは、ラ・ポスト（郵便事業を営む政府出資100%の株式会社）及びラ・バンク・ポスタル（銀行業を営む株式会社：ラ・ポストが株式を100%保有）に対し、郵便局を通じた利子非課税の貯蓄商品（リブレA）の提供を法令上義務づけ
>
> このほか、金融ユニバーサルと位置づけられるものではなくとも、格差是正や金融排除対策といった観点から、多くの国において、郵便局を通じて金融サービスが提供されている。

しかし、ドイツでは、金融のユニバーサルサービスに関する法律上の義務づけはない。これについて、ドイツポスト（郵便事業を営む株式会社）の郵便局を通じてポストバンク（銀行業を営む株式会社）のサービスが提供されていたが、資本関係がなく委託手数料をめぐって争いが生じたことから、結局、ドイツ

ポストがポストバンクを完全子会社化したという経緯があるとされるが、ドイツバンクの株式は完全売却の予定であり、ドイツポストの保有割合は40%以下となっている。また、英国でも、金融のユニバーサルサービスに関する法律上の義務づけはない。これについて、政府が郵便局を金融排除対策の拠点として活用しており、例えば、銀行口座を持てない者の救済を目的として、平成15（2003）年4月から、年金の受け取り等のサービスを提供する「郵便局カード口座」を創設し、郵便局を通じてサービスを提供している（平成27（2015）年3月まで）とされるが、わが国ではそのような必要性は認められていない。また、米国では郵便庁（USPS）が郵便事業を営んでいるが、郵便為替以外の金融サービスを行うことは認められていない。

このように、金融ユニバーサルサービスの必要があるとする国は多くはなく、特に保険の提供を義務づける国は少ない。また、実施の仕方も様々であり、銀行・保険を郵便事業一体として提供している国は少ない。

b　関連銀行等

◎関連銀行、関連保険会社という仕組みをなぜ設けたのか

これについては次のように整理されている。

> 金融のユニバーサルサービスの提供については、日本郵政に対して義務づけることで、郵便局で一体的にかつあまねく全国において公平に利用できるようにすることが可能である。政策目的の実現に寄与しつつ会社の経営の自由度を高める必要があり、ゆうちょ銀行等を特殊会

社とすることは金融機関としての機動的な経営を行う観点から適切ではない。このため、日本郵政が、銀行法等が適用される一般の銀行、保険会社と契約を締結し、金融窓口業務（銀行窓口業務、保険窓口業務）として行うこととしたものであり、ゆうちょ銀行等以外の金融機関も対象となることから、関連銀行等という仕組みとしたものである。

しかし、なぜ日本郵政が関連銀行等と資本関係を持たなければならない（会社法案8条）かは不明である。

◎関連銀行等は複数あってもよいのか。ゆうちょ銀行等以外の金融機関が関連銀行等となることはあるのか

関連銀行等とは窓口業務契約を締結した銀行等をいう（会社法案2条1項・2項）。日本郵政は金融機関と窓口業務契約の締結が義務づけられ、関連銀行等を保有する義務があるが、ゆうちょ銀行等のみとの契約締結が義務づけられているのではなく、ゆうちょ銀行等以外の金融機関と契約を締結し、関連銀行等とすることができる。しかし、郵政改革時において、ゆうちょ銀行等は窓口業務契約を締結していることとされ（改革法案27条3項7号、37条）、関連銀行等となる。このため日本郵政は他の金融機関を関連銀行等とする必要がなく、また、ゆうちょ銀行等が窓口業務契約を破棄することは困難と考えられること（注58）から、実質的には関連銀行等はゆうちょ銀行等をいうこととなる。

ゆうちょ銀行等が破綻した場合には、日本郵政が金融ユニバーサルサービルの提供義務を履行するため、他の金融機関を関連銀行等とすること（窓口業務契約の締結）も考えられるが、関連銀行等の仕組みには次のような問題がある。

① 関連銀行等には預入等の限度額制限があり、管理コストがかかる、大口顧客を獲得できないなど、競争上不利となること。

② 関連銀行等は子会社が持てず（改革法案64条2項3号）、競争上不利となること。

③ 窓口業務契約は、不採算地域での金融サービスの提供義務等、不利益な内容となると考えられ、関連銀行等となることは、競争上不利となること。

④ 銀行以外の信用金庫等は関連銀行になれないこと（会社法案2条1項）。

⑤ 相互会社の保険会社は関連保険会社になれないこと（会社法案2条2項）。

⑥ 銀行等の3分の1超の株式を日本郵政が買い集める必要があること。

⑦ ゆうちょ銀行等以外の銀行等が関連銀行等となる場合、日本郵政に対し金融持株会社の特例が適用されないこと。

①～③により、関連銀行等となることを自主的に望む金融機関は少ないと考えられる。④、⑤により、対象となる金融機関は限定的である。⑥、⑦により、日本郵政は新たな関連銀行等を直ちに保有することができず違法な状態（金融ユニバーサルサービスが提供されない状態）が続き、関連銀行等の株式を取得

するためのコストが日本郵政に生じることとなる。

(注58) 金融窓口業務契約の締結を強要するような定款を定め、この定款の変更を株式の3分の1超を有する株主である政府が認めない仕組みと考えられるためである。

◎関連銀行等は特別な金融機関か

関連銀行等は銀行法等の適用を受ける点で一般の金融機関と同じであるが、日本郵政が3分の1超の株式を保有し、窓口業務契約を締結するほか、前述①～⑤の制約があるため特別な金融機関といえる。ただし、郵政事業には関連銀行等自らが行う業務は含まれない（92頁参照）ため、郵政事業に係る規定（地域経済の健全な発展等への寄与への配慮（改革法案13条)、公共サービス基本法の基本理念に則り事業を行う責務（同3条、4条2項)）は、関連銀行等には適用がなく、この点では特別な金融機関ではない。仮に郵政事業に係る規定の適用があるとすれば、さらに特別な金融機関となると考えられる。

(3) 郵便局の役割

a 郵便局の設置

◎郵政改革によって、今ある2万4,500の郵便局はすべて維持されるのか

郵政民営化の際には郵便局がなくなるのではないかとの不安があったが、郵便局の設置は法律上義務づけられるため維持されるとされた。実際、郵便局数は郵政民営化時（平成19（2007）年10月1日）の2万4,540局（うち営業中2万4,116局）は、平成

23（2011）年３月末で２万4,529局（うち営業中２万4,137局）となっている。

これについて、郵政改革においては次のように整理されている。

> 郵政改革は、郵政事業に係る基本的な役務が利用者本位の簡便な方法により、郵便局で一体的に利用できるようにするとともに将来にわたりあまねく全国において公平に利用できることを確保することが目的であり、現行の郵便局をそのまま維持することを目指すものではないが、少なくとも全体として現在の郵便局ネットワークの水準が維持される。

郵政民営化と郵政改革では郵便局の設置基準は同じ文言（注59）であり、具体的な基準は総務省令に委ねられている。仮に省令の内容が同じとすれば、郵便局の維持について郵政民営化と郵政改革の差は、郵便局の定義の違いによる。

郵政民営化では、郵便局は郵便窓口業務を行うものと定義され、金融窓口業務（銀行窓口業務、保険窓口業務）を行わなくとも郵便局とされる。このような郵便局が約4,000あり、金融窓口業務を併せ行う郵便局は約２万500である。郵政改革では、郵便窓口業務、金融窓口業務を一体で行うものが「郵便局」とされ（会社法案２条３項）、郵便窓口業務のみを行う営業所や３事業以外の業務のみを行う営業所は「郵便局」ではない。金融窓口業務を行わなければ郵便窓口業務を行う営業所であっても「郵便局」とはいわない。

また、ゆうちょ銀行等の直営店は「郵便局」ではないため、直営店と日本郵政の営業所が同じ建物に入居する場合や近隣にある場合、現在は営業所を郵便窓口業務だけを行う郵便局とし金融業務は直営店に任せることができるが、郵政改革後は直営店が近くにあっても「郵便局」で金融窓口業務を実施する必要がある。

「郵便局」では必ず金融窓口業務が行われるため、「郵便局」の設置基準が変わらなければ現在郵便窓口業務のみを行う約4,000の郵便局では新たに金融窓口業務が行われることになる。仮に郵便窓口業務と金融窓口業務を併せ行う「郵便局」の数は現在と同じ約2万500でよいとすれば、郵便局の設置基準が変更されることとなり、郵便と金融とではユニバーサルサービスの基準（設置範囲）が異なることとなる。

郵便局の設置範囲は社会経済の変化によって変化していくものであるため具体的な基準は総務省令で定められる仕組みであるが、郵政民営化時には省令への委任が批判され、省令でも当時の水準を維持するよう規定することが事前に求められた。郵政改革においても省令委任とされているが内容は事前に明らかにされていない。

なお、実際に設置基準どおりの郵便局を維持できるかは経営基盤や合理化等による。郵政民営化では経営が悪化した場合に郵便局が維持でき、その必要額を明確にする仕組みとして基金が設けられたが、基金の額が不十分な場合には郵便局が維持されないと批判があった。郵政改革において基金は廃止されたが日本郵政の経営基盤が強化されるため郵便局は維持されると整理されているが、日本郵政の経営が悪化した後も郵便局が維持できるかは不明であり、維持する場合の必要額は他のコストと紛れ不明確となると考えられる。

（注59）「会社は、総務省令で定めるところにより、あまねく全国において利用されることを旨として郵便局を設置しなければならない」（郵便局株式会社法5条、会社法案7条1項）。

◎郵政民営化後、郵便局の閉鎖局数は減少し民営化前の水準に戻っている。郵政改革は不要ではないのか

日本郵政グループから委託を受けて業務を行う簡易郵便局については、郵政民営化時に一度に多数の局の閉鎖があった。これは、個人受託者の高齢化、農協・漁協の支所の廃止等によるもののほか、受託者が民営化に伴い資格が必要となったり、業務の煩雑を懸念して簡易郵便局の業務の継続を断念したケースも多いと考えられている。このため、取扱手数料（固定部分）の引上げ、受託者の初期投資を軽減するための施設転貸制度（会社が施設を確保した上での受託者への賃貸）の創設、サポート体制の改善などの措置が講じられ、閉鎖局の数は民営化時の水準を下回っている（注60）。

これについて、一時的でも郵便局数の閉鎖が相次ぎ利用者に不便を強いたことは事実であり、郵政民営化の結果、郵政事業の経営基盤が脆弱となり、その役務を郵便局で一体的に利用することが困難となるとともに、あまねく全国において公平に利用できることについて懸念が生じているという事態に対応する

ために郵政改革を行う必要があると整理されている。しかし、郵便局数の推移は設置基準があれば郵便局が維持されることを示しており、金融サービスを郵便局で一体的に利用すること、金融サービスをあまねく全国において公平に利用できることへの懸念が、郵政改革の必要性ということとなる。

なお、農協・漁協の支所の廃止による簡易郵便局の一時閉鎖は、郵政民営化を直接の原因とするものではない。また、民営化に伴い資格が必要となったり、業務の煩雑を懸念して断念したケースについては、それまで看過されてきたコンプライアンスが求められたことによるものであり、郵政改革によってその緩和をしない限り一時閉鎖が止むものではないと考えられる。

(注60) 「簡易局チャネルの強化のための検討会最終取りまとめ」(資料12) の提案を受け、「郵便局株式会社は、①郵便局のホームページでの受託者募集、②1日当たり4時間程度の短時間営業の認可、③移動郵便局 (車両2台、サービス提供箇所数5箇所 (平成22年4月30日現在)) の試行、④近隣直営局の分室の暫定的開設 (2箇所 (平成22年4月30日現在))、⑤近隣直営局の渉外職員の巡回サービス (90箇所 (平成22年4月30日現在))、⑥簡易郵便局受託者の処遇改善のための取扱手数料の見直し (固定部分の約4割引上げ等、平均年額386万円から515万円に引上げ)、⑦簡易郵便局用施設を所有していない受託希望者のための施設転貸制度の創設、⑧簡易郵便局サポートマネジャーの業務知識の向上等を実施した。これらの対策により、一時閉鎖局は漸次減少しており、平成22年4月30日現在、全簡易郵便局4,295局中、一時閉鎖局は245局 (5.7%) となっている。これは、民営化時 (平成19年10月1日) の状況 (全簡易郵便局4,299局中、一時閉鎖局は417局 (9.7%)) よりも改善している」(文献124：11頁)。

b　郵便局で提供されるサービス

◎「郵政事業」とは何か

「郵政事業」は、「法律の規定により、郵便局において行うものとされ、及び郵便局を活用して行うことができるものとされる事業をいう」とされる（改革法案2条2号）。「郵便局において行うものとされ」る事業とは、郵便窓口業務、銀行窓口業務、保険窓口業務であり、銀行窓口業務は預金と為替取引の銀行代理業であり、保険窓口業務は生命保険の保険募集、事務の代行である（会社法案2条）。「郵便局を活用して行うことができるものとされる事業」とは、「郵便局を活用して行う地域住民の利便の増進に資する業務」（同5条2項3号）をいうと考えられる。

郵便の業務は郵便法により郵便事業会社（日本郵政）のみが行うが、銀行代理業、生命保険の保険募集、事務の代行は、銀行法等の適用を受けて誰もが行うことができる業務である。「郵便局を活用して行う地域住民の利便の増進に資する業務」についても誰もが実施できる事業である。この場合、次の①、②の理解があり得る。

①　日本郵政が郵便局において行う事業が「郵政事業」であり、他の者が行う場合には銀行代理業等を行っても「郵政事業」に当たらない。

②　誰が実施するかにかかわらず、銀行代理業等という事業が「郵政事業」に当たる。

法案の規定振りから②と理解することもできるが、およそ銀行代理業等が郵政事業となるとは考えられないため①と理解されると考えられる。この場合、郵便局で銀行代理業等を行うのは日本郵政であり、ゆうちょ銀行等ではないため、ゆうちょ銀行等自身が行う事業は「郵政事業」に含まれない。

ゆうちょ銀行等が行う預金等が「郵政事業」に当たると理解するには、③日本郵政が行う事業については委託元が行う場合も「郵政事業」として行う、と理解する必要がある。しかし③と理解しても、資金の貸付け（銀行法2条14項2号）など「郵便局において行うものとされ」る事業ではないものは、「郵政事業」には当たらない（注61）。ゆうちょ銀行等が行う資金の貸付けが「郵政事業」に当たると理解するには、④日本郵政が郵便局で行う事業の委託元が行うすべての事業は「郵政事業」に当たる、と理解する必要があるが、「郵政事業」の範囲は大幅に広がることになる。

①～④とは別に、現在の日本郵政グループが行っている事業を「郵政事業」と理解することもできる。しかし、郵便局で提供される「郵政事業」は、従前の郵政事業にこだわることなく地域社会で提供されるべきサービスとして考えることが必要であり、提供する場が「郵便局」であれば、郵便局にサービスを委託する事業主体が誰であるかは問題にすべきではないと思われる。その意味で①の理解が適当であり、ゆうちょ銀行等は「郵政事業」を担う主体ではないと理解される。

なお、「郵政事業」の考え方は、基本理念にのっとり取組みを行う責務（改革法案4条2項）、経営の自主性の尊重（同11

条）の対象である「郵政事業の実施主体」、競争条件の公平性への配慮（同12条）、地域経済へ健全な発展等への寄与への配慮（同13条）が求められる「郵政事業」の範囲に差異をもたらすこととなる。

（注61） 預金として受け入れた資金の運用は、預金とは別の業務である（銀行法10条参照）。また、②と理解しても貸付けは「郵政事業」に当たらない。

◎「郵政事業に係る基本的な役務」（改革法案１条）とは何か。なぜ「国民の権利」（同３条）とされるのか

「郵政事業」は、前述のとおり郵便窓口業務などであり、「基本的な役務」とは、「郵便の役務、簡易な貯蓄、送金及び債権債務の決済の役務並びに簡易に利用できる生命保険の役務」（改革法案８条）と考えられる。この基本的な役務は「郵政事業」そのものではない。郵政改革では、この基本的な役務が「利用者本位の簡便な方法により郵便局で一体的に利用」でき「将来にわたりあまねく全国において公平に利用できること」が「国民の権利」とされている（同３条）。

「国民の権利」が憲法（注62）から由来するものか、なぜ「郵政事業」の提供のみが「国民の権利」とされるのか、なぜ「郵政事業」が「郵便局で」「一体的に利用」できることが「国民の権利」とされるのかは明らかではない。過疎地、島嶼部等の厳しい生活環境では、買い物難民、ガソリンスタンド不足が報道されており（注63）、「国民の権利」として真に提供されるべきサービスは何かを議論する必要がある。郵政改革素案（資

料68）では、「金融や郵便へのアクセス機会を保証」することが「政府の国民に対する責務」とされているが、その理由について説明はなく、なぜ生命保険に加入できることが「国民の権利」であって、食料の購入など生存権にかかわるようなサービス（生活サービス）が提供されることが「国民の権利」ではないかの説明はない。

生活サービスが「将来にわたりあまねく全国において公平に利用できる」ことこそが「国民の権利」とすべきと思われる(注64)。また、「国民の権利」を実現する場合もより効果的な方法を採るべきと思われる。例えば、中心集落への交通手段が確保できれば、中心集落において金融サービスだけでなく、住民票の受け取りなどの公共サービス、買い物などの生活サービスを受けることが可能となるため、郵便局を維持するよりも交通手段を確保することのほうが効果的、効率的とも考えられる。また、郵便局を維持するのであれば金融サービスだけでなく生活サービスの提供が望まれると考えられる。郵政改革において金融のユニバーサルサービスを義務づけるのは、真に必要なサービスを検討した結果ではなく、ゆうちょ銀行等からの配当収入等を郵便局の維持に充てるためのものと考えられ、「国民の権利」を議論するのであれば、「政府の国民に対する責務」として税金をもって真に提供すべきサービスは何かを議論する必要があると考えられる。郵政改革は、従来の郵政事業は税金を用いず行っていたとして税金を用いた「国民の権利」の実現に係る議論を避け、実質的な税金（本来国庫に納付されるべきゆうちょ銀行等の配当）を「国民の権利」の名の下で従前の郵政グループの維持に充てようとするものと思われる。

（注62） 憲法13条「すべて国民は、個人として尊重される。生命、自由及び幸福追求に対する国民の権利については、公共の福祉に反しない限り、立法その他の国政の上で、最大の尊重を必要とする」。憲法25条１項「すべて国民は、健康で文化的な最低限度の生活を営む権利を有する」。

（注63） 「少子高齢化や過疎化によるガソリンや灯油の需要減少を背景に、ガソリンスタンドが急減している。経済産業省の調査では、GSが３店以下の「給油所過疎地」は平成22年10月末時点で全市町村の13.3％を占めた」（平成23年２月２日日本経済新聞５面）など。

（注64） 「日本国の改革に際して張るべきセーフティネットは生活インフラだと思います。そのなかにおいて、たまたま日本郵政公社がやっている３事業がお役に立つと考えます。社会の進化に合わせて郵便局の配置は調整しつつ、機能をキチンと残せということなんですね」（文献29：69頁）。「郵政の業務はソーシャルファイナンス、マイクロファイナンスに限定すべきです。……民間の金融機関の手が届かない、ほんとうに困っている人や地域に対して必要なサービス内容を決めて、それを心を込めて、安上がりに提供できるように工夫して下さいと言っているわけです。民間と同じ品揃えなら、郵政は不要です」（文献63：25頁）。「地域社会が成り立つには、最低限６つの機能が欠かせない。これらは、商業機能（商店街）、交通機能（バス停や鉄道駅）、教育機能（小中学校）、医療機能（内科診療所）、治安機能（交番派出所）、コミュニケーション機能（郵便局）としてまとめられる」（文献65：34頁）。

◎郵便局でひまわりサービスは提供されるのか。ひまわりサービスのような公共サービスは民間企業ではできないのか

郵政民営化では、民営化により合理化が進み、ひまわりサービス等の収入を直接得られない公益的なサービスがなくなる懸念が指摘された。郵政改革においても郵便の民営化の枠組みは

変わるところはないためその懸念は解消されていないと思われる。

郵政改革では、株式会社化は郵政民営化と同じであるが、郵政事業は公共サービス基本法3条（注65）の基本理念にのっとり行われ（改革法案3条、会社法案6条）、日本郵政の郵便窓口業務等は公共サービスとみなして同条が適用される（会社法案5条5項）ため、ひまわりサービスが実施される、との理解も可能と思われるが、公共サービス基本法でも本来のサービス提供について業務の効率化、合理化が求められており、それと両立する形で公益的なサービスが行われるべきなのは郵政民営化と変わるところはないと思われる。また、公共サービスでなければ公益的なサービスではない、公共サービスと位置づけなければ企業は公益的なサービスを行わないとする認識には問題がある。東日本大震災を契機に、被災地での郵便局の活躍や郵便の存在の大切さ等が報道されることもあり、郵政事業を特別視する考え方もあると思われるが、一般の企業も被災地での支援やその他の公益的な努力、社会貢献は数多く報道されている。民主党政権が「新しい「公共」の推進」（注66）において官だけが公共を担うものではないとしているように、一般の企業も「公共」を担う存在であり（注67）、日本郵政グループのみが特別な存在ではないと思われる。

（注65）　公共サービス基本法は、確実、効率的かつ適正に実施されること等の事項が「公共サービスに関する国民の権利であることが尊重され、国民が健全な生活環境の中で日常生活及び社会生活を円滑に営むことができるようにすることを基本として、行

われなければならない」とするものであり、採算を度外視して他の業務を行うことを求めるものではない。

（注66）　第177回国会菅総理施政方針演説（平成23年1月24日）。

（注67）「現在、民間の宅配便事業では、全国の3分の1が赤字であるにもかかわらず、クロネコヤマトなどの会社は、全国に届けることを「使命」とみなして商売を展開している。こうした使命感のある商売は、私たちがクロネコヤマトの公共精神を社会的に評価するということがなければ、成立しないであろう」（文献28：9頁）。「乳業大手が家庭への牛乳配達網を活用した商品販売やサービスを展開する。森永乳業は、米などの販売や高齢者の安否確認を手掛け、明治乳業は近く明治製菓の菓子の取扱いを始める。……販売店の従業員が家庭をほぼ毎日訪問するため、商品説明や安否確認などきめ細かなサービスを提供できる」（平成23年2月5日日本経済新聞（夕）1面）。

◎郵便局は地方の行政拠点となることができるのか。郵便局ではどのようなサービスが提供されるのか

郵政改革の基本方針（資料31）では「郵便局ネットワークを、地域や生活弱者の権利を保障し格差を是正するための拠点として位置付けるとともに、地域のワンストップ行政の拠点としても活用することとする」とあり、改革法では「郵便局ネットワークは、地方公共団体から委託された特定の業務を取り扱うことができるものとすること等により、地域住民の利便の増進に資する業務を行うための拠点として活用されるものとする」とされている（同10条）。具体的には、「地方公共団体の特定の事務の郵便局における取扱いに関する法律」に基づく戸籍謄本や住民票の写しの引渡し等の事務や、これ以外の窓口業務（例えば、年金記録の確認等）について郵便局が受託することにより地域住民の利便の増進を図っていくとされている。

地方自治体が行政拠点を撤退したような地域において郵便局が地域の拠点としての役割を果たすことが期待されているが、郵便局は行政組織ではない。例えば旅券発給事務の都道府県からの委託について実施が見送られているが、そもそも民間企業である郵便局会社が行政権限を行使（旅券発給）する主体となれるかという問題がある。地方の行政拠点の意味が、地方自治体に代わって行政事務の一部を担うことであれば、郵便局を行政組織として位置づける必要があり、国営や公社に戻さなければ郵便局を「地域のワンストップ行政の拠点」とすることはできないと思われる。郵政改革において、日本郵政グループの自由な活動を優先し、国営に戻さず民営化を維持しながら「地域のワンストップ行政の拠点」とすることには矛盾があると考えられる。

郵政民営化において、郵便局会社は「郵便局を活用して行う地域住民の利便の増進に資する業務を営むことを目的」とされ、現在、郵便局で地方自治体の業務として、受託販売事務（ごみ処理券、ごみ袋、し尿処理券、入場券、公営バス回数券などの販売）、受託交付事務（敬老優待乗車証等の交付、タクシー券の交付、はり・きゅうマッサージ利用券の交付、公民館の鍵の貸出し等）が行われているが、いずれも行政権限を行使するものではない。住民票の写しの交付、住民税等の支払の受付は、郵便局で特別に可能なのではなく、コンビニエンスストアでも可能であり、介護サービスなどについても関係法令の下で民間企業としてサービスの提供が可能である。

郵便局の位置づけは、郵政民営化と郵政改革で変わるところはなく、新たに行政拠点となるものでも、提供できるサービスが拡大されるものでもない。しかし、地域社会で提供されるべきサービスが郵便局で提供されることが望ましく、郵便局は、農産物直売所、日用品販売所、集会所などの地域の拠点としての役割も期待される。郵便局は、日本郵政グループの経営方針の下で民間企業として適正な対価を受けて種々のサービスを提供するものであり、サービスを受託する事業主体が従前の郵政グループである必要はなく、最も安価に適切なサービスを提供する相手方と提携できるようにすべきである（注68）。

（注68）「『株式会社・ぜんとく』構想は、郵政民営化論者や〈郵政に限らない〉官僚たちの郵政事業観の盲点を突いた構想だった。手っ取り早く言うと、今回の小泉流民営化で政府筋が打ち上げた『窓口ネットワーク会社』を、局舎の所有者である特定局長主体によって運営しようという構想だ」「……「こちらを必要とする複数の企業と業務提携を結べばいい。郵政事業庁（現日本郵政公社）も提携先の１つにすぎない、という柔軟な考えに立つんだ。……」」（文献10：229頁等）。

◎郵政事業の「中小企業の振興その他の地域経済の健全な発展」（改革法案13条）への配慮とはどういうことか

これについては、郵便局長等の発想に基づく地方独自の多様な施策や地域に活力を生み出すふるさと支援施策を一層推進することにより中小企業の振興その他の地域経済の健全な発展に役立つよう、地域で行われる経済活動に貢献することと整理されている。

具体的な内容は不明であるが、「郵政事業」にはゆうちょ銀行等の貸付け等の資金運用は含まれないため、例えば日本郵政グループが物品調達を中央調達から地方調達とすることが考えられる（注69）。しかし調達の仕方によってはWTO協定違反の問題が生じ得る（176頁参照）。

（注69）「日本郵政グループが全国の拠点で使用する物品等の調達について、民営化後は本社が一括調達する体制となっていることから、全国の拠点が地域の中小企業や零細事業者から物品等を購入することがなくなり、地域経済とのつながりが希薄化している点が問題であるとの指摘が聞かれる。こうした状況を放置することは、「地域性」に留意する今回の郵政改革の方向性と齟齬があることから、日本郵政グループに対して、状況の把握と改善に早急に取り組み、地域経済との有機的な関係を構築することを求める」（資料68）。

(4) ユニバーサルサービスコスト

a ユニバーサルサービスと国民負担

◎郵便のユニバーサルサービスとは

郵便法３条では、「郵便に関する料金は、郵便事業の能率的な経営の下における適正な原価を償い、かつ、適正な利潤を含むものでなければならない」とされており、郵便事業に係るコストは郵便料金で賄うことが基本である。郵政民営化では、郵便事業会社の収支が均衡する限りにおいて郵便のユニバーサルサービスを維持するための国民負担は生じない。しかし、郵便局会社が経営不振で郵便局を維持できないとすれば、郵便のユニバーサルサービスを維持するために郵便局以外の営業拠点を探すか、郵便局（営業拠点）を維持してもらうために委託手数料を引き上げる必要がある。この結果、郵便事業会社の収支が悪化すれば郵便料金を値上げすることとなり、この値上げ分がいわば郵便のユニバーサルサービスを維持するための国民負担となる。

郵便局で金融サービスを行わず郵便事業のみで現在の郵便局ネットワークを維持する場合、郵便料金の相当程度の値上げ（第1種（封書）で19～22円、第2種（葉書）で15～17円）が必要となるとの試算（注70）があり、国民の不便や負担を避けるために3事業を一体的に提供する必要性があると郵政改革では整理されている。他方、日本郵政にゆうちょ銀行等の株式を3分の1超保有することを義務づけるのは、金融のユニバーサルサービスの確保等のため株主として一定の責任を持つ必要があるためであり、ゆうちょ銀行等からの配当で郵便事業の赤字を補填しようとするものではない、と整理されている。

郵政民営化では、郵便局は郵便のユニバーサルサービスを提供するために必要最小限度の数とすることや、集配局等の集約など、業務の合理化・効率化を進めることが期待され（注71）、郵便局会社においては民間とのイコールフッティングの下で経営の自由度を得て種々の事業収益を確保するとともに、一層のコスト削減を図ることで郵便局を維持することが期待されている。ゆうちょ銀行等からの委託手数料は事業収益の1つとして位置づけられるが確実に得られるわけではない。

このため、次のような指摘が考えられる。

① ゆうちょ銀行等が郵便局から撤退し、委託手数料がなくなれば郵便局を維持できなくなる可能性がある。

② 郵便局会社が合理化等を進めれば、過疎地等の郵便局は廃止される可能性がある。

③ 郵便事業会社が集配の合理化等を進めれば、集配サービスが低下する可能性がある。

④ 郵便事業会社が合理化等を進めれば、ひまわりサービスのような公共サービスが行われなくなる可能性がある。

郵政改革では、①についてゆうちょ銀行等を関連銀行等とし委託手数料が必ず得られる仕組みとされている。さらにゆうちょ銀行等の株式を３分の１超保有することで配当収入を得られる仕組みとされ、ゆうちょ銀行等からの配当収入等が郵便のユニバーサルサービスという特定の目的に充てられることが可能となった。日本郵政がゆうちょ銀行等の株式を保有するのは郵便事業の赤字を補填するためではないとするのであれば、郵政事業に使用せず、国庫に納付することが適当と考えられる。

②については、郵便局の設置基準が定められ、過疎地等の郵便局が廃止される懸念はないが、設置基準が郵便のユニバーサルサービスを提供するために必要最小限のものであるかは不明であり、必要最小限の数を超える郵便局の設置に係る費用は、郵便のユニバーサルサービスコストではなく、郵便局の維持という他の政策目的に係る費用として理解されることとなる。

③については、集配サービスをどの程度行うことが郵便のユニバーサルサービスの内容であるかを議論した上で、コストとして理解されるべきものであると考えられる。

④については、前述した（96頁参照）。

郵便のユニバーサルサービスのコストは本来郵便料金で賄うべきであり、他の事業収益に依拠して郵便局を維持することでそのコストを低下させようとする点では、郵政民営化と郵政改革で変わるところはない。郵便のユニバーサルサービスに必要な郵便局を維持するために郵便料金が高くなることが問題とすれば、郵便局の設置のあり方、リザーブエリア（ある一定の業務範囲（軽量な書状）での独占など）を認めることや、補助金の交付など他の方法によって賄うことが本来検討されるべきと考えられるが、そのような検討がないままゆうちょ銀行等からの収益で郵便局の維持を図ろうとする郵政改革は、単に従来の郵政グループの姿に戻そうとするものと考えられる。

（注70） 年間2,900億～3,300億円程度の赤字が発生するとされる（資料116）。なお、大塚副大臣の私案（資料96）では、「郵便は総括原価方式による収支相償に基づいて運営されていることから、郵便局単位の収支状況は①金融（貯金、保険）事業収支、②間接費用によって規定される」として、事業別にみた郵便局のコストを試算しているが、金融のみの場合のコストを除いた場合、赤字郵便局の赤字総額が300億円、過疎地域の赤字郵便局の赤字総額が170億円であり、これらの金額が郵便局の維持コストとみることができる。

（注71） 「人口百人に満たない離島にも毎日のように郵便物を配る。利便性は極めて高いが、そのコストを誰が負担するかの議論は、これまで全くされてこなかった。……便利さの代償は郵便事業の赤字という形で返ってくる。採算度外視で構築した集配ネットワークの維持にかかる費用は、郵便料金ではカバーしきれない水準にまで広がってしまっている」（文献14：85頁）。

◎金融のユニバーサルサービスコストとは

郵政民営化では、金融のユニバーサルサービスの提供は義務づけられていないが、過疎地等での金融サービスを提供する等の費用を賄うための社会・地域貢献基金があり、基金によって支払われる金額が金融のユニバーサルサービスのコストと見ることもできる。

郵政改革では、日本郵政に金融のユニバーサルサービスの提供が義務づけられているが、そのコストは、「どの部分をユニバーサルサービスコストとして認識するかについては、考え方や定義によって複数の選択肢が想定され、必ずしも一義的ではない」として明らかにされておらず、「いずれにしても、今次法案の枠組みでは、当面は日本郵政グループが自らの収益でユニバーサルサービスコストを賄うことが想定されているため、創意工夫と経営努力によって十分な収益力を身につけることが期待される」とされるのみである（資料96）。また、郵政民営化においては将来のシミュレーションが必要と強く指摘されたが、郵政事業が明治以来長年にわたり独立採算で運営されてきておりユニバーサルサービスに係る費用は引き続き日本郵政グループの経営努力の中で賄うことを前提としたためコスト計算は行っていない、と整理されている。

金融のユニバーサルサービスの提供の仕方は様々であり（80頁参照）、それによってコストや負担の方法が変わり得るため、コストを明らかにした上で金融のユニバーサルサービスの是非を検討すべきと考えられる。

◎郵便局を維持するコストとは

郵便、金融のユニバーサルサービスを提供するために郵便局が利用されるが、現在の郵便局のすべてが郵便、金融のユニバーサルサービスを提供するために不可欠なものであるわけではない。地域における郵便局の役割は重要であるが、郵便局を維持するためのコストは、郵便、金融のユニバーサルサービスのコストと区別して考える必要がある。例えば郵便事業はそれ自体で収支相償であるため、仮に郵便局の維持のためのコストを政府（国民）が負担する場合には、郵便事業のコストまでをも負担することがないようにする必要があり、郵便事業会社と郵便局会社との間では公正な額の手数料が定められる必要がある。これはゆうちょ銀行等と郵便局会社との間でも同様である。また、郵便局が地方公共団体の窓口業務などの他の業務を行う場合にも相手方から適正な手数料（対価）を受ける必要がある。郵便局会社は合理化・効率化に努めるとともに種々の業務を行いその対価をもって郵便局を維持する必要がある。それでも真に必要な郵便局を維持できないときに、政府がコストを負担することも考えられるが、郵便局の維持の名目で非効率な事務運営、高い給与体系等が温存されることは望まれていないと考えられる（注72）。

なお、郵政民営化では分社化したため、郵便サービス、金融サービス、郵便局の維持に係る費用が明確であったが、郵政改革では、郵便事業会社と郵便局会社が日本郵政と合併するため経理が不明確になり、郵便、金融のユニバーサルサービスを維持するための費用か、郵便局を維持するための費用か不分明になり得る（注73）。

（注72）　郵政改革は「既得権は温存してやりながら、特段の合理化も

しないまま郵便局ネットワーク維持の費用に当てようということに通じかねません」(文献62：15頁)。「郵便局会社の事業効率化こそが日本郵政グループが直面する最大かつ喫緊の経営面での課題であると結論づけられる」(文献105)。

(注73) 再編成後の日本郵政は、業務の区分ごとの収支の状況を記載した書類を総務大臣に提出し、提出したときは公表することとされている(会社法案19条、24条)が、分社の場合に比べ、同一社内の区分経理には恣意性があり得る。

◎郵便、金融のユニバーサルサービスの提供に国民負担は生じないのか

郵政改革では、ユニバーサルサービスは本来政府が国民に対して負っている義務を会社に負わせるものであるが、①長年にわたり郵政事業が独立採算で維持されてきたこと、②民間企業として今後も経営の自主性が尊重されるべきことから、日本郵政グループが行う事業の中で必要な経費を賄うこととし、それが可能な経営ができるよう経営の自由度を高めることとした、と整理されている。また、③郵便事業会社、郵便局会社が日本郵政に統合されることにより共通部門の効率化(コスト削減)が図られること、④郵便事業を担う日本郵政の新規業務への進出が容易になること(認可から届出への規制緩和)により、郵政改革を通じて日本郵政グループの全体の収支を改善の方向に促すことができると整理されている。

しかし、①、②について、従前の郵政事業が税金を使わずに行われていたのは、法人税等の減免措置や預金保険料等を負担していなかったことや、郵便貯金、簡易保険について民営化前は財政投融資制度に組み込まれ安定的な収益を得ることができ

たこと、特に0.2%の上乗せ金利が付されていたこと等により収益が嵩上げされていたことなどによるものである（注74）。さらには郵便貯金、簡易保険に政府保証が付され将来的に国民負担が生じ得る仕組みも設けられていた。郵政事業のおかれる厳しい環境を踏まえて民営化が行われたものであり、今後も日本郵政グループが必要な経費を賄うことができるかは定かではない。また、③については定量的な金額は明らかではなく、④についても、郵政改革で日本郵政グループの業務範囲の拡大や預入限度額の引上げの時期が早くなるものの、業務範囲そのものは郵政民営化と差はなく、全体の収支がどの程度改善されるか定かではない。

万一日本郵政が保有する株式が毀損されることがあれば、それは金融のユニバーサルサービスに伴う国民負担であり、また、預入等の限度額が恒久的な規制とされたことによりゆうちょ銀行等の株式の価値が低下しそれにより売却益が減少すれば、それも国民負担となる。

国民負担がないことが望ましいのは当然であるが、受けるサービスと要するコスト、弊害を明らかにして判断することが必要（注75）であり、郵政改革は、要するコストを曖昧にして郵便、金融のユニバーサルサービスを実施し、金融に歪みをもたらすおそれがある（注76）ことに問題があると考えられる。

（注74）　斎藤日本郵政社長も「過去、郵便貯金は民間の金融機関の金利より上乗せして金利がついたとか、あるいは金利の収入には税金がかからなかったとか、実はさまざまな利点があったわけです」としている（文献110）。

(注75)　郵政の民営化の「問題を判断する最も重要な基準は、「国民がどれだけのコストを負担して、どれだけのベネフィットを受けるか」という、“費用対効果”であるべきだ。郵便や郵貯、簡易保険の拠点を、過疎地を含む全国に展開し、一律のサービスを提供するには大きな費用がかかる。つまり、それを国の事業として続けるならば、税金を使って補填せざるを得ない。そのため小泉政権は、そうした事業を民営化して、「どれだけのコストを払っているか」を明らかにしようとした」(文献50)。「今の民営化見直しの議論で、トータルに抜けているのはコスト論です。……郵便局に、地方自治体の仕事をもっとやらせるというのなら、まず経営に、やってくれるかと聞くべきなのです。経営は、できることはやります。その代わり、これだけコストかかりますが、それは払ってくれますかということで、民営化した形でやればいいわけです」(文献62：18頁)。「金融でもユニバーサルサービス義務付けといえば聞こえはよいですが、利用されないサービスを提供するために国が措置するならば、ムダな公共事業と何ら変わりがありません。そこにヒト・モノ・カネを投下する余裕は、いまの日本経済にはありません。これこそ事業仕分けの対象にすべきです」(文献141：43頁)。

(注76)　「郵政事業の範囲を拡大するだけで過疎地域を支えるのは無理だ。すでに地元の漁協も農協も、深刻な過疎地域から撤退している。それを郵政が金融だけで支えようとするから、預入限度額引き上げといった経済にゆがみを生じさせることをやるようになる」(文献116)。

◎ゆうちょ銀行は旧契約分に係る預金保険料に相当する金額を日本郵政に交付しているが、郵政改革ではどうなるのか

民営化前の定額貯金等（旧契約分）については、管理機構が公社から承継し、ゆうちょ銀行に預金（特別預金）をしている。特別預金は政府の支払が約束されるので預金保険制度の対象とされず、ゆうちょ銀行は預金保険料を支払う必要がないため、預金保険料に相当する額の利益が発生する。このため郵政民営化においては、イコールフッティングの観点から預金保険

料相当額を日本郵政に対して交付することとされており（民営化法122条)、ゆうちょ銀行のすべての株式が売却された場合等完全民営化が達成されるまでの間の義務とされる。郵政改革でも引き続き日本郵政への交付義務がある（改革法案58条3項）が終期はなくなっている。ゆうちょ銀行と日本郵政の資本関係は永続するため、日本郵政に交付された預金保険料相当額が、親会社の日本郵政によってゆうちょ銀行等のために利用され得る状態が永続することとなる。

◎社会・地域貢献基金はどうなるのか

郵政民営化では、郵便事業会社が実施する社会貢献業務（第3種、第4種郵便物等)、郵便局会社が実施する地域貢献業務（過疎地における金融サービス等）を対象として、その実施に必要な金額を交付するため、日本郵政に基金が設けられた。

郵政改革においては次の理由から基金には問題があると整理されている。

① 資金の交付には、資金の交付を受けなければ業務の実施が困難であることなどが要件とされており、実際には非常に使いづらいものであること。

② 郵便局会社は過疎地等で金融サービスを行うことが義務づけられておらず、資金の交付を受けて金融サービスを実施するか否かは経営判断に依拠するものであること。

③ 基金は基本的に運用によって資金を賄うこととされており、金融のユニバーサルサービスの確保等のための資金が、時々の経済情勢による金利水準の変化に依拠するため資金確

保が不確実になるという問題を有すること。

ユニバーサルサービスコストを含め、これらの業務に要する費用については、日本郵政グループが行う郵政事業の中で必要な経費を賄うこととし、日本郵政に金融のユニバーサルサービスの提供を義務づけるとともに、これが可能な経営ができるよう経営の自由度を高めることとしたため基金を廃止する（注77）、と整理されている。

①については、使いづらいとされる理由は不明である。郵便事業会社、郵便局会社での経営努力が前提とされ、地域住民との協議の場である有識者会議を開催して地域貢献計画を作成する必要があること等が使いづらい理由とすれば、適当ではない。仮に正当な理由があって使いづらいとするのであれば要件を変えればよい。同じく使いづらいとされた郵便認証司については要件を変更して存続されている。

②については、金融のユニバーサルサービスを義務づけるとしても、国民負担が発生する場合の金額が明らかとなる仕組みが必要であり、それが不明な場合、経営の合理化・効率化が図られないおそれがある。

③については、日本郵政グループの収益で社会・地域貢献業務を賄うことは、その業績に依拠するものであり、業績によらず基金からの運用益によるほうが安定的に資金を確保できると考えることもできる。

社会・地域貢献業務に充てるための資金は、基金では「企業一般の配当の動向を考慮して政令で定めるところにより計算した金額を１兆円に達するまで」積み立てることとされている（注78）が、この金額が不十分ではないかとの指摘があった。郵政改革では郵政事業の中で必要な経費を賄うとされるが、それが可能かは不明である。また、基金の廃止により、さらにゆうちょ銀行等の売却益のすべて、株式保有による配当収入を郵政事業に充てることができることとなり、経営の効率化・合理化の努力を行わなくとも、株式売却益等を郵政事業に利用することができる仕組みとなっている。株式売却益等は国民のものであり、国の他の事業に先立って郵政事業に優先的に充てることができる仕組みは、いわば郵政事業用の特別会計を設けているのに等しいこととなる。

（注77）　基金については、積立金額が１兆円に達するまで（または10年間）の金額について各事業年度の所得の計算上損金算入が認められ、積立期間終了後10年の据え置き期間を経て、積立金額を10で除した金額を各事業年度の所得の計算上益金に算入するとの課税繰り延べ措置が規定されている（租税特別措置法57条の９等）。基金を廃止する場合には、廃止（取崩し）の事業年度の所得の計算上益金に算入することとなり、一時的な多額の納税額が発生することとなる。なお、平成21年度末の積立残高は約297億円であり、法人実効税率40％とすれば法人税額は約118億円となる。

（注78）　具体的には、ゆうちょ銀行等の株式売却益の８割と日本郵政の株式売却益を除いた当期純利益の１割とされている（日本郵政株式会社法13条、同施行令）。

b　税制上の措置

◎ゆうちょ銀行等が窓口業務を委託する際に日本郵政に支払う消費税はどうなるのか

ゆうちょ銀行等は郵便局に窓口業務を委託するため、委託手数料に消費税が課せられている（注79）が、次の理由から非課税とすべきとの意見がある（注80）。

① 公社では、事業体内部の取引であり消費税の課税対象でなかったが、郵政民営化により国の政策として強制的に分社化したため、郵便局とゆうちょ銀行等との間に外形的に取引関係が生じることとなり、消費税が課税された。

② 他の金融機関は自前の店舗において直接サービスを提供しているので消費税の負担はなく、また郵便局への業務の委託も義務づけられていない。これに対し、ゆうちょ銀行等は委託が義務づけられ（注81）、一般の金融機関と同様の法人税、預金保険料の支払等義務をすべて果たしながら消費税については他の金融機関に比べて競争上不利な取扱いを受けており、これを是正する必要がある。

③ 日本郵政が金融ユニバーサルサービスを果たす場合、委託手数料への課税はユニバーサルサービスの提供の障害になる（注82）。

郵政改革においては政府税制調査会での検討に委ねられ、平成23年度税制改正大綱（平成22年12月16日閣議決定）では「引き続き所要の検討を行う」とされている。

（注79） ゆうちょ銀行は手数料支払額6,319億円に消費税316億円、かんぽ生命は手数料支払額4,024億円に消費税201億円となる（平成22年度）。

（注80） 郵政民営化法の附帯決議（参議院）でも、「消費税の減免などを含め関係税制について所要の検討を行うこと」とされており、総務省は平成17年度税制改正から毎年グループ内取引に係る消費税の非課税措置を要望している。

（注81）　郵政グループと同様に強制的に分割された「NTTにおいては分社化された会社間における取引を強制されるものはいっさい存在しない」（森田総務大臣政務官。資料133）。

（注82）　ユニバーサルサービスを維持していくため、「郵政グループ内の受委託手数料に対する消費税を減免する」とされている（資料78）。

◎ゆうちょ銀行等が窓口業務を委託する際に日本郵政に支払う消費税は非課税とすべきか

消費税は、消費全般に広く公平に負担を求める税であり、例外措置は専ら利用者側の負担に着目した社会政策的な観点から設けられている。ゆうちょ銀行等の特定の事業者に対し特例措置を講じることは消費税の根本的考え方に反し、同じ課税措置が採られる民間グループ企業間の課税議論に波及するなど消費税の性格を歪めることとなりかねない。

113頁①については、道路公団の民営化に伴い各高速道路会社から高速道路機構に対して支払われる道路貸付料にも課税されているなど、国の政策として強制的に分社したから、ということは理由にならない（注83）。

②については、郵政民営化でも郵政改革においても、ゆうちょ銀行等は事実上業務を委託することが強制されているが法律で委託が強制されているものではない（法律上は関連銀行等とならない自由がある）。例えば歳入代理店への委託が事実上義務づけられている日本銀行の国庫金事務の手数料支払については課税されているように、非課税の理由とはならない。

③については、ユニバーサルコストについては日本郵政グ

ループが行う郵政事業の中で必要な経費を賄うとされており、消費税を非課税とすることでコストを賄おうとすることはこれに反する。仮にコストを国が負担するとしても、財政補助（補助金）によらず非課税措置によるのはコスト負担を目に見えにくくするものであり適当ではない。民主党政権は租税特別措置については透明化が必要としており（注84)、ユニバーサルサービスコストの額が明らかにされない中で、消費税を非課税とすることは適当ではない。

（注83）「消費税の例外措置は公共性が高い事業や強制的に分割された企業にも設けられていない」(尾立財務大臣政務官。資料133)。

（注84）「特定の業界や一部の企業のみが恩恵を受けていると思われるものが散見されます。税制における既得権益を一掃し、納税者の視点に立って公平で分かりやすい仕組みとするためには、租税特別措置をゼロベースから見直し、整理合理化を進めることが必要です」とし、仮に必要な場合でも「租税特別措置は、特定の者に税負担の軽減という経済的な利益を与えるという意味で補助金と同じ機能を果たすものであり、外国では「租税歳出」とも呼ばれています。こうした租税特別措置がどのように利用され、どのような効果を生じているかは、補助金と併せて、透明でなければなりません」(「平成22年度税制改正大綱」)。なお、これを受けて平成22年３月に「租税特別措置の適用状況の透明化等に関する法律」が成立している。

◎その他の納税義務は郵政改革でどうなるのか

郵政民営化の場合と同様に、日本郵政グループは民間企業と同様の納税義務を負う。ただし、合併に伴う登記等に係る登録免許税を非課税とするなど郵政改革に伴う所要の措置は規定されている。欧米からは非課税措置はWTO違反の疑義があるとの指摘があるが、登録免許税の非課税措置などは経過措置であり問題はないと考えられる。ただし、消費税の非課税措置については、113頁②を根拠とするとしても、他の金融機関が郵便局に業務委託する場合には消費税が課税されること、ゆうちょ銀行等は事実上強制されるものの任意に郵便局に業務委託する建前であることから、他の金融機関に比べ優遇されることとなりWTO違反の疑義は免れないと考えられる。

3 ゆうちょ銀行等と金融システム

(1) 政府の関与

◎金融機関に対し政府出資があることの何が問題なのか。政府出資があることでどのような競争上の優位があるのか

政府出資には「暗黙の政府保証」の問題があり、国の信用等を利用すれば、預金等を集めやすい、調達金利が低いなどのメリットが考えられる。また政府出資分について他の金融機関よりも高いリスクを取ることができる（政府出資分の株式の毀損を覚悟してリスキーな投資ができる（注85））。さらに政府が株式の3分の1超を保有しながら特別決議への拒否にしか関与をしないとするのであれば、ゆうちょ銀行等は物言わぬ安定株主を得た上（注86）で高い自己資本比率を得ることができる。このようなメリットが高ければ競争上の優位性があることとなり資金シフトが生じるおそれがある。さらに政府出資分について株主権の行使が行われなければ経営者は自由な運営が可能となり、逆に株主権の行使が行われれば非効率な資金配分が行われるおそれがある。

郵政改革においては、政府出資だけで直ちに競争上の優位性があるとは認められないと整理されているが、政府が日本郵政の株式の過半数を、日本郵政がゆうちょ銀行等の株式の過半数を保有している間は郵政改革推進委員会を設置し（改革法案24条)、ゆうちょ銀行等の競争条件の公平性等をチェックするとされている。これは、政府の関与によってゆうちょ銀行等に何らかの優位性が生じ得ると政府が判断していると考えられる。

（注85） 日本航空に対する融資について日本政策投資銀行から政府保証を求められたのに対し、政府保証を付すのは二重の保証になるとして政府保証を拒んだとされる（報道)。これは、政府の出資分が政策目的のために毀損されることを認めることを前提にしている。

（注86）「一般企業から見れば、夢のような話である。一般の上場企業はすべて、敵対的な買収のリスクにさらされており、常に採算を重視して好業績をあげ高株価を維持することによって、買収リスクに備えているのだ。このような緊張感が、民間企業の行動を律しているとも言える」（文献11：27頁)。

◎りそな銀行等の公的資本注入行には政府出資があるが業務規制はない。ゆうちょ銀行等とどこが異なるのか

公的資金の注入は、健全経営に懸念があり競争力を有しない金融機関の経営基盤を強化するために行われるものである。経営基盤が弱いと考えられる金融機関に対し政府出資が行われることから、政府出資があることが経営が悪いと受け止めることがあっても競争条件の優位性をもたらすものではないと考えられる。仮に優位性をもたらすとしても一時的な出資であり、恒久的なものではない。また業務規制はないが経営改善計画等の提出が求められ経営に一定の制約を受ける。

これに対し、ゆうちょ銀行等は健全経営に懸念があるために政府出資があるのではなく、長年にわたり国営事業として国の信用の下に営まれてきた公社の資産を承継した経緯によるもの

である。郵政民営化では、この経緯に加え、一般事業会社を子会社に持つ持株会社の子会社であること、旧契約分について預入等があり一括運用していることなどの特性があるため、他の金融機関よりも競争条件が優位であると市場・利用者等が受け止める可能性を考慮し、イコールフッティグを確保するため業務範囲、限度額について規制が行われたものである。

郵政改革では、郵政民営化での事情に加え、日本郵政とゆうちょ銀行等が恒久的に資本関係を有し、業務範囲は直ちに一般の金融機関と同じとされる。預入等の限度額については、政府と資本関係を有すること自体が直ちに競争上の優位性をもたらすものではないが、国営事業としての経緯、政府出資があることを総合的に勘案し、中小・地域金融機関の経営に与える影響等も考慮した上で限度額規制等を上乗せで課す、と整理されている。

◎ゆうちょ銀行等の株式を国が保有することは、再国有化、官営化ではないのか

これについて次のように整理されている。

> 郵政事業の実施主体の経営の自主性を尊重しつつ（改革法案11条)、郵便、銀行、保険のユニバーサルサービスを郵便局で一体的に利用できるようにすること（同8条）が郵政改革の目的であり、規制は必要最小限のものとしている。具体的には、株式会社形態を維持しつつ、新規事業は届出で可能とするなど、ユニバーサルサービスという政策目的を達成するために最低限必要な規制以

外は経営者の経営判断に委ね、一層自主的な経営を促進する仕組みとなっている。日本郵政がゆうちょ銀行等の株式を３分の１超保有する（同７条）のは、特定の者に経営が支配されたり株主権が濫用されることがないように、会社の特別決議を阻止するための防衛的なものに過ぎない。また、ゆうちょ銀行等を自主的な経営判断を行う完全な民間金融機関と位置づけ、他の金融機関と同様の破綻法制、セーフティネットを適用し、国は出資者としての立場から具体的な経営方針に参画することはない。したがって株式を間接的に保有することをもって「官営」という指摘は当たらない。

株式を完全に処分せず国が株式を保有する仕組みは、「株式会社化」であっても「民営化」ではない、ゆうちょ銀行等は、「特殊法人」「官営企業」「国有企業」である、と批判することができるが、問題はこのようなネーミング（定義）ではなく、次の点にある。

・国が株式を保有する必要はあるのか。
・国が株式を保有すれば、ゆうちょ銀行等に「暗黙の政府保証」が生じるなど金融システムに問題が生じるのではないか。
・国が株式を保有すれば経営に介入することになるのではないか。
・国が株式を保有しながら株主権を行使せず、経営に関与しなければ、ゆうちょ銀行等の経営への監視が不十分となるのではないか。

◎なぜ、日本郵政はゆうちょ銀行等の株式を3分の1超保有する義務があるのか。ゆうちょ銀行等からの利益で郵便事業の赤字を補填しようとするものか

郵政改革においては、日本郵政がゆうちょ銀行等の株式を3分の1超保有するのは次の理由と整理されている。

① 特定の者に経営が支配されたり株主権が濫用されることがないように会社の特別決議を阻止するため。

② 資本関係に基づく連携を通じて金融のユニバーサルサービスを安定的に確保するため。

ゆうちょ銀行等を一般の金融機関と位置づける一方、定款でユニバーサルサービスを行うことや関連銀行等となることを定めさせることで、日本郵政が金融ユニバーサルサービスを実現する仕組みとなっている。このため、ゆうちょ銀行等が定款を変更し関連銀行等でなくなる場合には、日本郵政は新たに別の金融機関の株式を取得・保有し、窓口業務契約を締結して関連銀行等とすることで金融ユニバーサルサービスを実施する必要が生じる。

会社の定款変更等の特別決議事項には株式の3分の2が必要であること（会社法309条2項）から、株式を3分の1超保有すれば定款変更等を単独で阻止することができる。日本郵政が株式を保有せず、ゆうちょ銀行等の株主の自主的な判断に委ねた場合には、定款変更等が行われユニバーサルサービスを妨げる事態が生じ得る。このため、日本郵政がゆうちょ銀行等の株式を3分の1超保有し、定款変更等を阻止しようとするものである。

郵政民営化では、ゆうちょ銀行等をはじめ郵便局と窓口業務契約を行い金融ユニバーサルサービスを提供する金融機関が現れることを前提としているのに対し、郵政改革ではこのような金融機関が現れないことを前提としていると理解できる。

なお、株式保有義務は、ゆうちょ銀行等からの配当収入で郵便事業の赤字を補填しようとするものではないとされているが、配当収入は恒常的に郵便事業に充てられ得ることとなる。

◎株式の処分義務、処分期限が定められていないのは、日本郵政が株式を100%保有し続けることが想定されているのか

これについては次のように整理されている。

処分期限については次の理由から定めていない。

① 株式の処分については、その規模の大きさ等から主として株式市場への上場によることが想定されるが、株式上場には、上場準備に加え、ゆうちょ銀行等の実績や将来性に対する市場や国民の評価がある程度定まることが求められ、その実現までには一定の期間が必要となること。

② 株式の価格は、会社に対する評価のみならず、その時点での株式市場の情勢に大きく影響されるものであり、株式が適切な価格で処分されるためには、新規株式上場（IPO）を含め、株式処分の時期やその期間の判断に関する柔軟性を確保することが必要であるこ

と。

郵政改革委員会の設置期限が株式保有割合に基づいて規定されている（改革法案24条）ように株式が将来処分されることを前提とした制度である。また、NTT、JT等においても株式処分義務や処分期限は法定されていないが株式処分が行われている。

①、②の理由は郵政民営化時でも同様であり、また、処分期限があると処分を急ぐあまり損失を招くおそれがあるものの、早期に国の関与をなくすことが重要として処分期限が定められた。郵政改革では国の関与があっても銀行法等の適用が同じであれば他の金融機関と変わらないとされることから、処分期限が定められていないと考えられるが、国の関与が持つ意味が、NTT、JT等の事業会社と、ゆうちょ銀行等の金融機関とでは大きく異なることへの理解が、郵政民営化と郵政改革で異なっていることによるものと考えられる。

◎株式の保有割合はいつ頃３分の１超となるのか

これについては次のように整理されている。

日本郵政が保有するゆうちょ銀行等の株式の処分開始の時期やその後の売却方針は、一義的には、株主である日本郵政の経営判断事項であり、郵政改革後の日本郵政グループの業務の状況や経営の見通し、株式市場の動向等を総合的に勘案して判断されるべきものであることから、現時点では予想も含め具体的な見通しはない。

株式の処分は日本郵政の経営判断によるとされる一方、政府は日本郵政に対し郵政改革の基本方針の下で経営方針を示すとされている。非正規職員問題については経営方針を示しながら、株式処分については経営方針を示さず日本郵政の判断に委ねること自体が、政府が株式を処分する意思に欠ける現れであると思われる。

日本郵政にはゆうちょ銀行等の株式保有義務があるのみで3分の1超に近づける義務はない。金融のユニバーサルサービスを提供する自らの責務を確実に履行するにはゆうちょ銀行等の経営を完全に掌握するほうが便利であり、また株式を保有すれば配当収入を郵便事業その他の事業に充てることができることから、経常損失を補填するために一部の株式を売却することがあっても、法人税を納付することとなるような処分（特別利益の計上）は期待できない。また重要な財産の譲渡等には政府の認可が必要であり（会社法案16条）、ゆうちょ銀行等の株式が重要な財産に含まれれば、日本郵政が株式の処分を望んでも、東京中央郵便局の建替に政府が介入したように、金融のユニバーサルサービスの実施に懸念があるとして政府が介入することも考えられる。

したがって、長期間にわたり、日本郵政による高い保有割合でのゆうちょ銀行等の株式保有が続くことも考えられる。

◎日本郵政がゆうちょ銀行等の株式を過半数保有している間は、ゆうちょ銀行等は政策金融機関なのではないのか

日本郵政がゆうちょ銀行等の株式を過半数保有する間は、株主総会においてゆうちょ銀行等の経営に関する事項について単独で議決することができる。郵政改革では、このような期間は一時的であり、この期間も政府が出資者としての立場から具体的な経営方針に参画することはないとして、一般の金融機関と同じ位置づけであると整理されている。

しかし、株式を過半数保有している期間は相当程度続くと考えられ一時的とは言い難いこと、日本郵政が議決権を行使しなければ少数株主がゆうちょ銀行等の経営を支配できること、大株主でありながら経営に関与しないのは無責任に株式を毀損するおそれがあること、という問題がある。少なくともこの間は政策金融機関として位置づけ、監督を強化する、業務制限を課すなどの措置を設けることが適当と考えられる。

◎ゆうちょ銀行等は自主的な経営判断を行う一般の民間金融機関か

政府が日本郵政の株式を保有する理由は、株主としての意思を一定程度、会社の経営方針に反映させることが必要であるためとされ、また、日本政策投資銀行の完全民営化について「危機対応業務の適確な実施を確保するため、政府が常時会社の発行済株式の総数の3分の1を超える株式を保有する等会社に対し国が一定の関与を行うとの観点から」見直しが行われる（注87）ように、3分の1超の株式保有によって経営に影響力を行使できることは当然と考えられる（注88）。これについて、政府に郵政事業の実施主体の経営の自主性を尊重する義務があり（改革法案11条）問題ないと整理されているが、政府の判断次第である。例えば日本郵政の斎藤社長は、指名委員会制度があるにもかかわらず政府が株主権を行使し株主総会での提案により就任し（注89）、郵政改革の基本方針に従って事業転換を進めるとされている。このため、非正規職員の正規職員化、物品の中央調達から地方調達への変更など経営に重要な影響を与える決定が、政府の意向を受けて実施されているように、政府は影響力を行使し経営に介入している。

仮にゆうちょ銀行等が郵政改革の基本方針に従って経営を行う責務があるとするなら、経営の自由はその範囲内でのものに過ぎず、基本方針の名の下に政府が経営に介入することができる。また、日本郵政は銀行窓口「業務の健全かつ安定的な運営を維持するために」「銀行窓口業務契約に基づいて行う関連銀行に対する権利の行使」（会社法案５条）を行うことから、金融ユニバーサルサービスの名の下にゆうちょ銀行等に対して政府が種々の関与を行うことも考えられる。

（注87）　株式会社日本政策投資銀行法の一部を改正する法律（平成21年法律第67号）附則２条１項。

（注88）　国が日本郵政の株式の過半数を保有し、かつ、日本郵政がゆうちょ銀行等の株式の過半数を保有している間、郵政改革委員会を設置する（改革法案24条）のは、国が直接・間接に株式を有している間は影響力を行使し得ることを認めるものである。また、郵政改革素案（資料68）でも「電力会社やガス会社には政府出資がない。したがって、この点では電力事業やガス事業の方が民業性が強い」として、政府出資がある場合には民業性が弱いことを認めている。

（注89）　亀井郵政改革・金融担当相が財務大臣の代理人として、政府が全株式を有する株主総会に出席し、斎藤氏などを取締役とする株主提案を行い、取締役会において社長に選任された。

◎日本郵政がゆうちょ銀行等の株式を保有することは、なぜいけないのか

公社以前の郵便貯金、簡易保険については、預金保険制度等によらず政府保証が付され、適用される税制、検査監督体制が一般の金融機関と異なり、また、利子など商品性が政策目的の遂行のため市場経済とは別の判断で定められるなど特異な存在であった。官営の金融機関は、信用力、判断基準が民間の金融機関と異なることから金融市場を歪めかねない存在であり、その規模が小さければともかく、郵便貯金等のように巨大であれば弊害をもたらすこととなる。郵便貯金等が非効率な運用が指摘される財政投融資の原資に利用されたことだけが問題だったのではなく、金融市場を歪めるという官営金融そのものが問題（注90）であった。郵政民営化の主眼はこの官営金融を民営化するものであった。

郵政改革では引き続き銀行法等が適用されるなど一般の金融機関と異なることはないとされるが、日本郵政がゆうちょ銀行等の株式を保有することで再び金融市場を歪めることが懸念される。

（注90） 官営金融を縮小するため政策金融機関の改革も行われている（「政策金融改革の基本方針」平成17年11月29日経済財政諮問会議）。

◎ゆうちょ銀行等の株式は国民共有の財産であり、国は積極的にゆうちょ銀行等の経営に関与すべきではないのか

郵政改革では、国が株式を保有しながらも、ゆうちょ銀行等

は自主的な経営判断を行う完全な民間金融機関と位置づけ、具体的な経営方針に関与しないと整理されている。政府が経営に関与しないとしても不正までをも監視しないことを意味しないのは当然であるが、リスクに見合った適切なリターンや成果を求めることなく、また、経営者のリスク判断を評価することなく経営を委ねることは、経営者に放漫な経営を許しかねず、株式価値を毀損することになりかねない。国が経営をコントロールできる株式を保有しながら、ユニバーサルサービスの提供以外について経営に関与せず経営の自由を認めることは、経営の監視をする者が存在しなくなる、あるいは少数株主が経営をコントロールすることを認めることとなる。経営失敗の場合の株主責任（国民負担）を経営に関与することなく受け入れることは国民負担の抑止の観点から適当ではなく、ゆうちょ銀行等に経営の自由を与えるのであれば国が出資を行うべきでないと考えられる。なお、金融機能強化法等による金融機関への資本注入によって国が金融機関の株式を保有する場合には、経営強化計画の提出が求められる等一定の経営への関与が行われている。

⑵　暗黙の政府保証

◎政府がゆうちょ銀行等の株式の３分の１超を保有すれば、いわゆる「暗黙の政府保証」（注91）**が残るのか**

郵政民営化では、金融事業においては信用が競争上決定的に重要であり、政府の間接的な株式保有など国の信用・関与が残る間は、ゆうちょ銀行等が公社から引き継ぐ機能が明治以来の長年にわたり国営事業として国の信用の下に営まれてきたという歴史的経緯ともあいまって、市場や預金者等からは「暗黙の政府保証」があるものと受け止められる可能性があると考え、株式を完全処分することとされた。

これに対し、郵政改革では、ゆうちょ銀行等は、銀行法等が適用される一般の金融機関であり、次の①、②の理由から「暗黙の政府保証」という認識は預金者等の誤解に基づくものであり、政府の株式保有により預金者等が「暗黙の政府保証」が存在するという誤った期待感を持たないように必要な措置（政府広報等）を講じていくと整理されている（注92）。

① 仮に破綻したとしても他の金融機関と同じ破綻法制やセーフティネット（預金保険制度等）の下で所要の処理がなされ、預金者等は他の金融機関と同じ範囲・限度において保護される仕組みであり、政府保証は存在していないこと（注93）。

② 株式の保有はユニバーサルサービスを安定的に供給するためのものであり、預金者等からはそのために議決権を適切に行使することが期待されていると考えられること。

政府出資により「暗黙の政府保証」が生じるかについて確定的なことをいうのは困難であるが、例えば政府保証がなかったにもかかわらず米国の政府支援機関（GSE）（注94）の破綻の危機に際して政府の救済が行われたことや、政府保証がない財投機関債が自己資本比率等にかかわらず高い格付けを有していること等から、「暗黙の政府保証」が存在するとする考え方がある（注95）。郵政民営化ではその可能性を考慮した仕組みとされているが郵政改革ではその可能性は考慮されていない（注96）。しかし、「暗黙の政府保証」は現行制度を超える問題であり、①が正しいなら「暗黙の政府保証」はあり得ないこととなる。また②についてもユニバーサルサービスを安定的に供給するために政府が株式を保有すると説明するなら、逆にそのためにゆうちょ銀行等を破綻させないと期待されるとも考えられ、「暗黙の政府保証」がないとする理由にはならない。例えば、東北地方太平洋沖地震に伴う原子力損害等の支払によって経営危機に陥った東京電力が、損害賠償の支払や電力の安定供給を名目に救済されれば、破綻制度は民間会社と同じでありながら、東京電力には「暗黙の政府保証」があったのと同じであり、ゆうちょ銀行等についても同じことが起こると期待される可能性がある。

（注91）　いわゆる「暗黙の政府保証」とは、法律に根拠があるなど明示的に政府が金融機関の支払を保証することを約束するのではなく、経済的・政治的な理由から政府保証がないにもかかわらず金融機関を救済することをいう。「暗黙の政府保証」がある場合、破綻により預金等が戻らない可能性が低くなり預金等を集めやすいなど、他の金融機関に比べて競争上優位な立場に立つこととなる。

（注92）　資料20で政府広報活動の実績が紹介されている。また、ゆうちょ銀行等ではHPで預金保険制度等の対象である旨の周知が行われているが、「暗黙の政府保証」を否定するには単に預金保険制度等の対象である旨を周知するだけでなく、ゆうちょ銀行等を決して救済しないと宣言する必要がある。

（注93）「法人に対する政府の財政援助の制限に関する法律」があり、

政府が特殊法人を含む法人に支援をすることは原則禁じられている。現在ゆうちょ銀行等に対しては政府保証は付されていない。

(注94) 連邦抵当金庫（Fannie Mae）、連邦住宅貸付抵当公社（Freddie Mac）など。

(注95) 「全銀協で実施したアンケートによれば、政府出資があれば国の暗黙の政府保証があるという利用者の認識は強い」（資料２）。「郵貯・簡保が株式会社に改組され、制度の上では政府による顧客の直接保証がなくなっても、一般の国民は「政府が株主になっている企業は破綻しないだろうから、実質的に預金や保険契約は全額保護が続いている」と考えて行動する可能性がある」（文献７：40頁）。日本郵政斎藤社長は「平成19年10月からは、制度上の政府保証がなくなり、他の民間機関と一緒になりました。それでも皆様が暗黙の政府保証がついているとおっしゃっていますが、その間も実は貯金は依然として減り続けているのです。ということは、皆様がおっしゃるように、国家保証があるから貯金が増えるのだと、みんなが安心して預けているのだというのは、実は事実に反するわけです。国家保証があった間に80兆減っているわけです。ということを見ますと、政府保証があるということが貯金のメリットにはなっていないと私は考えております」（文献110）とするが、「大銀行すら金融不安時には個人預金流出に神経をとがらせるほど資金繰りが不安定化した局面があった。金融不安が拡大していった1997年以降において郵便貯金への資金大量流入やタンス預金急増といった現象が発生したのが記憶に新しい。これを預金者の非合理な行動と断ずるわけにもいかない。かりに、郵便貯金事業において巨額の損失等による破綻の危機に瀕した場合、素案が指摘するような破綻法制に沿った処理に向かう可能性はきわめて低いと筆者は考えており、その点で、暗黙の政府保証を信じる預貯金者の行動は、実は合理的であるかもしれないのである」（文献71：23頁）との意見もある。郵政民営化委員会田中委員長は「ゆうちょ銀行やかんぽ生命保険に対して、「暗黙の政府保証」、すなわちいざとなった場合に、その負債に対して日本政府が介入する、「政府が株式保有をしているのだから、事業会社の不始末は政府の不始末だ。したがって、納税者のお金を使って優先的にきれいにさせてもらいます」ということになるかどうかという

ことです。私はそんなことはありえないし、そんなことを主張する政党も政治家も次の選挙では必ずといっていいほど敗れると思います」（文献36）としていたが、「委員会は、日本郵政が民営化し、株式売却がスケジュールに入っている以上、たとえ国が一部の株式を保有している状況であっても、そのことゆえに国が公的資金を注入し、救済することはないという判断をもっていた。……破綻しないようにいわば政府によるてこ入れが起きるのであれば、ゆうちょ銀行あるいはかんぽ生命との取引が他の事業者よりも優遇される可能性がある」（文献130）と判断を変えている。

（注96） 郵政改革素案（資料68）では、「郵政事業に対する「暗黙の政府保証論」が日本郵政グループの経営者及び利用者の「モラルハザード」につながらないように配慮しなければならない。政府の関与はあくまで「出資」にすぎず、日本郵政グループの経営は通常の破綻法制とセーフティネットの下で行われることが肝要である」とし、「通常の破綻法制とセーフティネット」が適用される仕組みでありさえすれば「暗黙の政府保証」はないとしている。

◎政府に金融のユニバーサルサービスを提供する義務があるのならば、必ずゆうちょ銀行等を救済するのではないのか

日本郵政は金融のユニバーサルサービスを提供するため関連銀行等の株式の３分の１超を保有する義務があり、郵政改革時にはゆうちょ銀行等が関連銀行等となるが、関連銀行等はゆうちょ銀行等に限定されていない。このため、ゆうちょ銀行等が破綻した場合であっても救済を行う必要はない。しかし、実質的にはゆうちょ銀行等に代わる関連銀行等として他の金融機関が名乗りを上げる可能性は低いと考えられること（85頁参照）から、金融のユニバーサルサービスを実施するため、政府がゆうちょ銀行等を救済すると期待される可能性がある。

◎政府が株主であれば、ゆうちょ銀行等の破綻について責任があり、救済するのではないのか

日本郵政がゆうちょ銀行等の株式の３分の１超の保有義務があるのは、金融のユニバーサルサービスを実施するためであり、経営に参画することはないと整理されている。

政府は、ゆうちょ銀行等の経営が破綻した場合には株式の損失を被ることでその責任を果たすと考えれば、それ以上の責任を負う（預金者等の救済）必要はないと考えることができる。

しかし、政府の経営への関与のいかんによっては経営責任が生じることも考えられる。例えば日本郵政がゆうちょ銀行等の株式の過半数を保有する間は何らかの議決権行使を行う必要があり、この間に政府に経営責任があると判断される可能性がある。経営責任があれば直ちに預金者等の救済を行う必要があるとは考えられないが、預金者等に救済の期待が生じる可能性がある。また、政府がこのような経営責任を免れるためゆうちょ銀行等が破綻しそうな場合には救済するのではないか、という期待が生じる可能性もある。さらに、ゆうちょ銀行等は窓口業務契約に従って業務を行わねばならず、この契約の内容は法令の条件に合致している必要があることから、契約の条件が不適切であったことが経営破綻の理由とされ政府が救済するのではないか、という期待が生じる可能性もある。これらの期待が「暗黙の政府保証」の問題である。

◎「暗黙の政府保証」がないにもかかわらず、なぜゆうちょ銀行等に預入等の限度額があるのか

郵政民営化では限度額の規制は株式の完全処分によってなくなるが、郵政改革では恒久的な規制である。「暗黙の政府保証」がないとすれば、ゆうちょ銀行等には競争上の優位はなく限度額を設ける必要はないと考えられるが、「銀行と保険に対しては、政府から直接（というわけ）ではありませんが、間接的な出資関係が残りますので、全く上限がないというわけにもいかないだろうと。それに加えて、先ほど、(資料の) 2枚目のところで申し上げましたように、過去からの経緯があって、郵便局のネットワークが大変たくさんの数を持っているということに加えて、それらを通じて、信金・信組等の中小地域金融機関や中小生損保への影響もあるというふうに考えると、一定の制約は必要であろうということであります」とされている(資料77)。

これは、政府の関与が残ることでゆうちょ銀行等に何らかの優位があることを認めるものであり、同時に、預金者等が誤解し保護を期待する可能性があることを、政府自身が認識しているものであると考えられる。

◎「暗黙の政府保証」は存在しないとしても、「too big to fail」問題があり、政府は規模が大きなゆうちょ銀行等を救済するのではないのか（注97）

グローバル金融危機の際には、金融システムに重大な影響を与える金融機関を政府が救済せざるを得なかったことから、預金者等が巨大な資金量を有するゆうちょ銀行等についても救済されるとの期待を持つことも考えられる（注98）。銀行についてはその破綻が「信用秩序の維持に極めて重大な支障が生ずるおそれがある」場合には特別な救済が行われる（預金保険法102条）が、貸出を行わないゆうちょ銀行等の破綻が信用秩序の維持に極めて重大な影響を与えるかは疑問がある。

（注97）「「暗黙の政府保証」と金融機関、保険会社等に対する「too big to fail」原則は、ユーザーからみるとあまり差のない現象であろう。むしろ、ユーザーからみると本質的には同じとも言える」とされている（資料68）が、これが、「暗黙の政府保証」がないとする以上「too big to fail」としてゆうちょ銀行等を救済することはないことを意味するかは定かではない。

（注98）経営破綻すれば世界の金融システムを揺るがせかねない「システム上重要な金融機関（SIFIs：Systemically Important Financial Institutions）」について、政府が救済を行う必要がないよう特別な規制が検討されている。ゆうちょ銀行等はSIFIsとして検討されていない。

(3) イコールフッティング

a　業務範囲の拡大・限度額の引上げ

◎ゆうちょ銀行等の業務範囲はどうなるのか

郵政民営化では移行期間中に限度額を含め新規業務が段階的に認められる仕組みであったが、郵政改革においては次のような仕組みとされている。

イ）郵政改革法の公布日から２号施行日（公布日から３月を超えない範囲内で政令で定める日）までの間

２号施行日において郵政民営化法が廃止されるため、２号施行日までの間は郵政民営化法の業務範囲規制と同じになる。新規業務については郵政民営化委員会の審議を経た上での主務大臣による認可制が続く。ただし預入等限度額については直ちに引き上げる（政令改正）とされている（注99）。

ロ）再編準備期間（2号施行日から郵政改革法の施行日（平成24(2012）年4月1日）までの間）

2号施行日に郵政民営化法、郵政民営化委員会が廃止されるが、新規業務については主務大臣の認可が必要となる。認可の条件は株式保有割合を考慮せずに「同種の業務を行う事業者との競争条件の公平性」等を阻害するおそれがないこととされる（改革法案58条、61条）。

ハ）郵政改革法の施行日から3号施行日（公布日から1年を超えない範囲内で政令で定める日）までの間

限度額規制以外に業務範囲規制はなくなる。ただし金融窓口業務を行うに際し一定の新規業務についてあらかじめ内容、方法について届出を行う義務があり、内容等を変更する場合にも届出義務がある（改革法案64条、67条）。

ニ）3号施行日以降

ハに加え、郵政改革推進委員会が設置される。

（注99）郵政民営化委員会は、完全民有民営に至る道筋が成り立たない状況下では、新規の商品を認めるべきではない（文献130）としているので、委員会の意見を無視して限度額を引き上げるか、2号施行日の委員会廃止を待って引き上げることとなる。

◎ゆうちょ銀行等には政府の出資があり競争上優位ではないのか。政府がゆうちょ銀行等の株式を100%保有したまま業務範囲の拡大や預入等限度額の引上げを認めることは、ゆうちょ銀行等の肥大化を招き問題（注100）**なのではないのか**

これについては次のように整理されている。

日本郵政が３分の１超の株式保有義務があるのは、資本関係に基づく連携を通じて金融ユニバーサルサービスの安定的かつ継続的な提供を確保する必要があるためのものであり、ゆうちょ銀行等が新たな業務を行いその収益を向上させていくことが必要であり、業務拡大に問題はない。

ゆうちょ銀行等は、銀行法等が適用される一般の株式会社であり、破綻した場合には他の金融機関と同様に処理される一方で、他の金融機関にはない限度額制限や業務範囲の上乗せ規制（届出、基準と合致しない場合の勧告）が課されている。他方、他の金融機関には金融ユニバーサルサービスが課されず上乗せ規制がない。金融２社の預金残高、保険契約件数はここ数年急激に減少しており、限度額の引上げは、貯蓄動向、利便性、郵政事業の経営状況等を勘案しつつ、中小・地域金融機関への影響も考慮し、総合的に判断したものである。郵政改革は「一般会社としての経営の自主性」と「同種の業務を行う事業者との競争条件の公平性」とのバランスを考慮した制度設計となっている。

郵政改革では政府が過半数を持たなければ原則として一般の金融機関と変わらず優位性はないとして直ちに新規業務を認めているが、郵政民営化では、早期に株式の完全処分（完全民営化）が行われ一般の金融機関として業務が拡大することが期待されているものの、金融機関においては信用が決定的に重要であるとして、完全民営化までは徐々に業務拡大が認められている。これは、政府出資があれば直ちに大きな競争上の優位があるのではなく、政府出資の割合やその他の事情によって優位性は異なるため、競争条件の公平性を考慮して徐々に新規業務を認めることで膨大な資金を円滑に民間経済の中に吸収統合しようとするものである。

（注100） 巨大な規模の資金が地方の金融市場に参入すれば、さらなる供給過剰をもたらし、結果として金利、手数料のダンピング競争を引き起こす懸念、地域金融は市場も非常に小さく、地域金融機関は経営の選択肢も限定的であることからゆうちょ銀行等が個人・中小企業向けローン等の新規事業により地域金融市場に参入することが地域金融の混乱を招きひいては地域経済に影響を与えるとの懸念がある。

◎郵政改革では、ゆうちょ銀行等と他の金融機関との競争条件の公平性は確保されるのか

郵政改革では、ゆうちょ銀行等に政府出資があっても競争上の優位はなく、直ちに一般の金融機関と同じ業務範囲を認めるとしながらも、国営事業として国の信用の下に営まれてきた公社の資産を承継し、政府の間接出資が残るという経緯を有するなどを理由として、銀行法等の規制に加えて上乗せ規制（業務内容の届出等、預入等限度額）を設けている。また、競争条件の

公平性への配慮規定（改革法案12条）を設けており、競争条件の公平性を阻害するような無制限な業務の拡大は避けられると整理されている。

具体的には、

① 関連銀行等（ゆうちょ銀行等）は、窓口委託業務を行わせる前に業務の内容、方法を主務大臣に対して届出をする義務がある（改革法案63条、66条）。業務は関連銀行等と同種の業務を行う事業者との競争条件の公平性を阻害するおそれがないこと等の条件に適合しなければならず、届出事項が基準に適合しない場合などには主務大臣が是正勧告を行うことができる。その際、郵政改革委員会の意見を聴かなければならず、勧告をしたときはその旨が公表される（同64条、67条）。

② 関連銀行等が受け入れることができる預入等の限度額は政令で定められ（会社法案10条、11条）、限度額は、同種の業務を行う事業者との競争条件の公平性等を勘案して定められる。

①の届出は、委託先の日本郵政に業務を「行わせる前に」届出をしなければならない事前届出制であり、届出の内容が条件に適合していなければ業務開始前に是正勧告ができる仕組み（注101）であることから公平性を阻害するような状態は発生しない。また、関連銀行等は勧告に従う義務はないが、一般的には勧告があれば厳しい社会的評価にさらされ社会的信用を失墜するおそれがあり、特に金融ビジネスにおいては社会的信用が

極めて重要であることにかんがみれば、勧告の公表をもって抑止力という意味で有効な制度として機能し得る。さらに、勧告は届出が条件に違反する場合に行われるため法令違反として銀行法等による業務改善命令等の対象となり得る。

関連銀行等（ゆうちょ銀行等）が一般の金融機関と変わらず競争条件に差がないのであれば、業務制限等は不要であり、業務制限等を設けることはゆうちょ銀行等に何らかの競争上の優位性があることを認めていることになる。公社からの経緯をその理由とすれば、ゆうちょ銀行等に限り①、②の措置が採られるのは理解できるが、ゆうちょ銀行等以外の金融機関には公社を承継した経緯がないにもかかわらず、恒久的措置とされるのは理解できない。また、届出・公表が抑止力として機能する理由として金融ビジネスにおける社会的信用の重要性を認めることは、政府出資があっても競争上の優位はないとすることと矛盾すると思われる。

なお、競争条件の公平性への配慮規定（改革法案12条）は「郵政事業」を対象とするものであり、ゆうちょ銀行等には適用がない（93～94頁参照）。

（注101）　届出の時期は主務省令で定められるが、主務大臣が勧告をするか否かを検討し、勧告する場合には郵政改革委員会に諮りその審議を経るため相当の期間を定めることが想定されるが、認可制であれば認可には標準処理期間が定められること（通常2月）からこれよりも短い期間である必要があると考えられる。関連銀行等は業務開始予定日が到来すれば事業を開始することができ、勧告の有無を待つ必要はない。

◎ゆうちょ銀行等の預入等の限度額をなぜ引き上げるのか

郵政民営化においては、ゆうちょ銀行等にはイコールフッティングの確保の観点から預入等の限度等が設けられており、限度額は政令で定められる（現在ゆうちょ銀行1,000万円、かんぽ生命1,300万円）。限度額は株式の売却状況等に応じ引き上げられ、完全民営化後は限度額がなくなる。郵政改革においても引き続き関連銀行等（ゆうちょ銀行等）に限度額が設けられるが、恒久的な規制とされている。

ゆうちょ銀行等は、政府の出資があるものの、一般の金融機関と同様に銀行法等の業法の適用を受ける株式会社であり、他の金融機関にはない預入等限度額が上乗せ規制として課されていること、預金残高、保険契約件数がいずれも10年程度の間減少傾向を継続していることから、国民の貯蓄動向、国民の利便性、郵政事業の経営状況等を勘案しつつ、中小・地域金融機関、中小生損保への影響も考慮し、バランスの取れたものになるように総合的に判断した結果、引上げ（ゆうちょ銀行2,000万円、かんぽ生命2,500万円）を行うと整理されている。郵政改革関連法案の成立後遅滞なく限度額を引き上げるが、引上げ後の資金シフト等の状況を見て必要があれば所要の見直しを行うとされる（資料75、76）。

郵政民営化の際に比べ、国民の貯蓄動向、国民の利便性に大きな変化があったとは考えられない。預金残高等のゆうちょ銀行等のシェアが低下したからといって、競争の中で決まるものであり、ゆうちょ銀行等が占めるべきシェアは存在しない（注

102）ことから、限度額を引き上げる理由とはならない。薄い利鞘で利潤を得ているため資金量を確保しなければならない、定額貯金が満期を迎えた場合の受け皿として限度額を引き上げなければ預金等が流出するとのゆうちょ銀行等の危機感から限度額の引き上げが行われるものである（注103）。現在でも各都道府県におけるゆうちょ銀行のシェアは高く、中小・地域金融機関等への影響を勘案したものとも思えない。

限度額の引上げは、限度額に近い残高を有する利用者にとって追加預入をする際などに煩わしい限度額管理の確認手続がなくなるなど利用者サービスに資するとされるが、限度額が設けられる限り、残高が限度額に近づけば同じ問題が発生するため、利用者サービスを考えるなら撤廃を目指すべきである。

なお、限度額の引下げは既預入分について強制解約が困難であることから、実務的には非現実的であり、「所要の見直し」とは、さらなる引上げをすることはあっても引下げはされないと考えられる。

（注102）以前の資金シェア、資金規模の大きさは国営時代の政府保証等により築かれたものであり、もともと一般の金融機関としてシェア等が高い。

（注103）「1,000万円を超えただけで、何も悪いことしてないのに一々そういう指示が来ると面倒くさいから、それじゃ民間に貯金を移しかえようと、民間の他の銀行に移すということが現に起きているわけで、当然のことながら、その1,000万円の限度額を管理するという手間、コストもかかっています」（文献138）。「日本郵政の斎藤社長がどうしても勝ちとりたかった、ある条件というのが、冒頭で触れた郵貯限度額の撤廃・緩和だった」（資料74）と言われ、限度額の引上げのために、非正規職員の正規職員化が取引されたとも言われる。

◎預入等の限度額が引き上げられた場合、政府の出資があることで信用力が高いゆうちょ銀行等への資金シフトが起こるのではないか。金融機関にどの程度の影響があると考えられているのか

限度額の引上げによる資金シフトなどの影響については、仮定の置き方によって結論が大きく変わることから、確定的な推定データはないと整理されている。しかし、このような理由でシミュレーション等の影響分析を行わないことが許されるのであれば、およそ政策立案において影響分析は必要がないこととなる。また万一金融機関に悪影響があれば破綻処理など社会的コストが発生しかねない問題であり、郵政改革担当大臣を兼務する金融行政に責任を有する大臣が金融機関への影響を考慮しないのは無責任である。日本郵政の斎藤社長は限度額を引き上げても預金残高が増加するとは期待していない旨の発言をする一方、現状では経営困難となる旨を発言しており（文献110）、限度額の引上げ後は預金獲得を図ると考えられる。

◎限度額を引き上げてもゆうちょ銀行には運用ノウハウがなく、国債に運用されるだけではないのか

これについては、限度額の引上げは総合的に判断したものであり、ゆうちょ銀行等は運用先の多様化や他の金融機関との業務提携等を進めていく中で順次人材や体制の充実を図ってきており、資金運用は自主的に判断される、と整理されている。

郵政民営化においても運用ノウハウがない等のため民営化の必要がない旨の指摘があったが、完全民営化を前提としており、当然に自主的に資金運用が判断されるものである。しかし、郵政改革ではゆうちょ銀行等に政府出資があるため、国債引受機関とするなど政府が利用するために限度額を引き上げるのではないかとの疑念が持たれるものである。

◎預金保険料率の引下げ、預金保険の保護（ペイオフ）金額（1,000万円）の引上げが提案されたが、限度額の引上げについて金融機関をなだめるためのものではなかったのか

預金保険料率は、金融機関の負担だけでなく、必要な積立金の水準、金融機関のモラルハザード防止の観点等に留意して検討されるべきものであり、預金保険の保護金額についても預金残高等を踏まえた金融システムのあり方から検討されるべきものである。保護金額を引き上げても預金保険料率の負担があるため金融機関への“アメ”とならないことがわかると撤回されたように、これらはゆうちょ銀行の限度額の引上げへの批判をかわすために提案されたものと考えられる。

b　郵便局へのアクセス

◎ゆうちょ銀行等以外の金融機関は、郵便局と業務委託契約を締結して郵便局を利用することができるのか（郵便局ネットワークへの平等なアクセスが確保されているのか）

郵政民営化でも、郵政改革においても、ゆうちょ銀行等以外の金融機関は郵便局と業務委託契約を締結すること（郵便局ネットワークへのアクセス）は可能であり、現在外資系Ａ社は1,000局の郵便局を通じて生命保険を販売している。どの郵便局でどのような金融商品を販売をするかなど郵便局と金融機関との間の契約は当事者間によるものであるが、ゆうちょ銀行等と日本郵政が資本関係にある場合には、日本郵政が、子会社であるゆうちょ銀行等を不利にするような契約を他の金融機関には認めないおそれがある。そのようなおそれは、郵政民営化では移行期間に限られるが、郵政改革では資本関係が永続することから、ゆうちょ銀行等を不利にする契約を他の金融機関には認めないおそれが続くこととなる。このため平等なアクセスを法律で義務づけることも考えられるが、郵政改革では、日本郵政に対し契約の締結を政府が強制することになり、郵政事業の経営の自主性や契約自由の原則の観点から適当でないと整理されている。しかし、契約自由の原則と特定の金融機関を差別しないことは矛盾するものではない。また、日本郵政に対し関連銀行等との業務契約の締結を義務づけていることから、平等なアクセスを法律で義務づけない理由となっていない。

◎ゆうちょ銀行等と郵便局との業務契約では手数料は公正な水準で定められるのか。他の金融機関はより高い手数料を求められるのではないのか

郵政民営化においては、郵便局会社の経営が成立するように恣意的に委託手数料を決定するのではないかとの懸念が示されていた。これについては、それぞれの経営判断の下で各社の自立的な経営が可能となる適切な水準に決定されるとされた。郵政改革でも同様と整理されているが、郵政民営化では郵便局会社とゆうちょ銀行等は資本関係がないのに対し、郵政改革では日本郵政とゆうちょ銀行等の間に資本関係が永続することから、独立した立場同士で手数料が決定されるか疑問がある。アクセスの問題と同様に、日本郵政がゆうちょ銀行等が不利にならないよう他の金融機関に対しては割高な手数料を求めるおそれもあると考えられる。

c　検査監督等

◎小規模郵便局に対する検査監督への配慮（改革法案11条）は、競争条件の公平性に反するのではないか。小規模な郵便局への検査のあり方はどうなるのか

この配慮規定は、郵政民営化によるコンプライアンスの強化に対する日本郵政グループの不満から設けられたと考えられるが、郵政改革においては次のように整理されている。

> 郵便局において金融のユニバーサルサービスを安定的に提供していくためには、小規模な郵便局への検査・監督について、その規模・特性に応じて、業務の円滑な遂行に支障が生じないようにできる限り配慮することが必要であり、画一的な検査・監督への対応によって窓口業務の停滞等の支障を生むので適当ではない。このため、小規模な郵便局において行われる業務に関する検査・監督について、郵政事業に係る基本的役務を利用者本位の簡便な方法により郵便局で一体的に利用できるようにするという郵政改革の基本理念（改革法案８条）に基づき、政府が郵便局の業務の円滑な遂行に配慮して行うものとする旨を規定したものである。他の金融機関の検査監督について適切な配慮を行うことが禁止されるもので

はなく、金融庁において金融機関の規模・特性等を踏まえた対応が行われることから、公平性に反するものではない。

小規模な郵便局に限らず、小規模な店舗について必要な要員を確保できないことや窓口での円滑な業務の遂行に支障が生じることを理由に、検査・監督の配慮が行われれば公平性の観点からは問題がない。しかし、金融監督にとって必要な検査は受忍されるべきであり、これらを理由として必要な検査・監督が行われないとすれば金融システムの安定確保の観点から適当ではないと考えられる。特に郵便局は銀行代理業者、保険募集人であり、他の銀行代理業者等も小規模な店舗で営業を行っている例が多いと考えられることから、およそ銀行代理業者等について必要な検査・監督が行えないおそれもある。仮に、金融のユニバーサルサービスを安定的に提供していくためとして日本郵政グループに対してのみ配慮が行われるとすれば、金融のユニバーサルサービスに名を借りた日本郵政への優遇措置となる。

金融の検査・監督において金融機関等の規模・特性等に応じた対応が当然なのであれば、なぜその旨を銀行法等に規定しないのか疑問があり、銀行法等に規定しなくとも金融検査マニュアルで対応されるとすれば、なぜ郵便局に限って法律に規定するのか疑問がある。郵便局に限って法律に配慮規定を置けば郵便局への特別な取扱いを求める根拠となり、必要な検査監督が行われずにコンプライアンスに欠ける事態につながりかねない。

◎かんぽ生命は民間生保と同じように保険金の支払漏れを起こしながら、行政処分が行われていない。イコールフッティングが確保されない証拠ではないのか

保険事業において多数の保険金の支払漏れが発生し、保険会社は金融庁の検査・監督を受けた。民営化後にかんぽ生命が引き受けた保険契約については、金融庁が保険業法に基づきその支払管理体制を検査・監督しているが、民営化前に公社が取り扱った事案については保険業法が適用されないため、金融庁はかんぽ生命に対して検査・監督ができない。民営化前に公社が取り扱った旧契約分は管理機構が承継し、総務省が管理機構に対して検査・監督を行うが、かんぽ生命に対して検査・監督を行う権限はない。このため、公社とかんぽ生命は実質的に同一主体でありながら、旧契約分に係る保険金の支払漏れについて行政処分を受けない仕組みになっている。なお、旧契約分について、総務省から報告徴求を受けた管理機構が、事務を委託しているかんぽ生命に調査を委託し、調査結果（資料114）を公表している。

◎民営化前の定額貯金等（旧契約分）の預入等はゆうちょ銀行等に対して引き続き行われるのか。他の金融機関に比べ有利ではないのか

郵政民営化では、管理機構が旧契約分を自ら運用することは組織の肥大化を招き合理的でないため他の金融機関に預入等する仕組みとされた。制度上、預入等や事務の委託先はゆうちょ銀行等に限定されないが、利用者の利便に適うとしてゆうちょ銀行等に預入等、事務取扱いの委託が行われている。旧契約分の預入等の受入れでゆうちょ銀行等は規模の利益を得ることができるため公平性に反するとの議論があるが、管理機構は預入等先・事務取扱委託先を他の金融機関に変更することが可能な仕組みとされている。

郵政改革ではこの仕組みが継続されたが、受払等の事務取扱いについては日本郵政（郵便局）に委託するとされた（改革法案9条）。預入等先を変更しても事務の取扱先を変更できなければ事務が煩雑となるため、事実上、ゆうちょ銀行等に旧契約分を預入等することが義務づけられたことになる。なお、旧契約分については、日本郵政がゆうちょ銀行から旧契約分に係る預金保険料に相当する金額を受け続ける点も、イコールフッティングの観点から問題となると考えられる。

◎日本郵政に対し金融持株会社規制の例外が認められるのは、イコールフッティングに反するのではないのか

金融持株会社（銀行持株会社、保険持株会社）は事業を行うことが認められていないが、郵政改革では、ゆうちょ銀行等が子会社である間、日本郵政は金融持株会社でありながら事業を行う特例が認められている（改革法案48条～52条）。郵政事業のシナジー効果の発揮のためと整理されているが、シナジー効果の発揮が金融と事業の分離よりも重要と判断されるのであれば、金融と事業の分離を廃止して他の事業者にも兼業を認める必要がある（注104）。日本郵政のみに金融と事業の兼業を認めることは公平な競争条件に反する。これについては、競争条件の公平性の配慮規定（改革法案12条）があるため問題はないと整理されているが、法律上の不平等は是正できない。また、日本郵政についても、ゆうちょ銀行等以外の金融機関が子会社の場合には特例が認められておらず、従前の郵政グループを維持するための特例となっていると考えられる。

（注104）「郵政３事業の兼営を維持するのであれば、民間でも兼営を可能にすべきである。逆に民間金融機関ができないのであれば、郵政にも兼営させるべきでない」（文献７：38頁）。ほかに注50参照。

(4) 資金の運用

◎日本郵政がゆうちょ銀行等の株式を３分の１超保有するのは、財政投融資の復活ではないのか

これについては次のように整理されている。

　日本郵政がゆうちょ銀行等の株式を保有するのは、資本関係に基づく連携を通じて金融ユニバーサルサービスの安定的かつ継続的な提供を確保する必要があるためである。ゆうちょ銀行等は銀行法等が適用される一般の金融機関であって、自主的な経営判断を行う完全な民間金融機関と位置づけており、国は、出資者としての立場から特定の政策目的への融資等、個別・具体的な経営方針に参画することはない。ゆうちょ銀行等の資金運用に当たっては、業務の健全かつ適切な運営を確保しつつ自らの責任において自主的に判断するものであり財政投融資が復活するものではない。

問題は、ゆうちょ銀行等が本当に自主的な経営判断を行うことができるかどうかである。政府が、株式保有による影響力をもってゆうちょ銀行等に対し資金運用の指図を行うことができれば、非効率な資金運用が指摘された財政投融資の仕組みを日本郵政グループで実現することとなる（注105）。

（注105）「政府は資金運用については、ゆうちょ銀行と、かんぽ生命の自主的判断によるとしているが、こうした分野を示すこと自身、政府が両社の資金運用に影響を与えることになる。また、政府が郵貯・簡保資金を「都合の良い財布」代わりに使うようになれば、財政投融資改革以前の世界に逆戻りする」（文献139）。

◎郵政改革の基本理念では「郵政事業と地域経済との連携に配慮しつつ」「郵政事業の公益性及び地域性が十分に発揮されるようにするための措置を講」じる（改革法案３条）とある。また一定の分野への資産運用を求める閣僚の発言（資料85など）**もあるが、ゆうちょ銀行等の運用の自主性は保たれるのか**

郵政改革では、ゆうちょ銀行等は基本理念に従う責務があるが、資産運用に関する閣僚の発言はゆうちょ銀行等が自主的な経営判断に基づき経済活動を展開していくにあたって運用のあり方の１つとして述べたに過ぎない、と整理されている。

ゆうちょ銀行等の銀行業等は「郵政事業」に当たらず基本理念に従う責務がないことは既に述べた（92〜93頁参照）が、正規職員化の必要性の指摘を踏まえて日本郵政グループにおいて正規職員化が進められているように、監督官庁をはじめとする政府の閣僚の発言は影響力があると考えられる。一定の分野への政策的な運用を指示しながら個別具体の融資先や資金運用計画に政府が関与しなければ、政策金融機関でも財政投融資制度でもないとすることは適当ではない。一定の政策目的に従って一般の金融機関が取ることができないリスクを取って融資等の資金運用を行うのが政策金融機関である。政策金融機関はそのための補給金、資本等を国から得ているが、国から個別の融資案件について具体的な指示を受けていない。したがって、ゆうちょ銀行等が国から出資を受け、郵政改革の基本理念の下で資金運用を行うのであれば政策金融機関と同じと考えられる。

◎ゆうちょ銀行等に中小企業金融や地域金融を行わせるのであれば、国がゆうちょ銀行等の株式の過半数を保有するなどして政策金融機関と位置づけるべきではないのか

郵政改革では、ゆうちょ銀行等の資金運用に対して公共性、地域性の発揮を期待する一方、ゆうちょ銀行等は完全な民間金融機関と位置づけられるため指示はできないと整理されている。また「郵政事業の実施主体に対する政府の関与の実行は、当該実施主体に課される義務の内容に照らして必要最小限のものとする」（改革法案11条）との経営の自主性の尊重規定があり、日本郵政グループの責任において自主的な経営判断に基づき事業が進められる、と整理されている。

株式の過半数を保有するなど、ゆうちょ銀行等を政策金融機関と位置づければ業務範囲の拡大が困難となることや、経営の自主性が奪われることなどの不都合があるため、株式保有を3

分の１超にとどめて民間金融機関と位置づけたと考えられる。しかし、ゆうちょ銀行等の資金運用に公共性、地域性を持たせるのであれば、政策金融機関と位置づけるべきであり、閣僚が資金運用のあり方を述べるなど事実上の影響力を行使して中小企業金融等を行わせることは適当ではないと考えられる。資金の流れを政策的に是正する必要があれば、ゆうちょ銀行等だけでなく他の金融機関を含め企業の社会的責務においてその実施を期待するか、法令等によって政策誘導や環境整備（例えば金融円滑化法の制定）を行うべきである。ゆうちょ銀行等に限って基本理念や運用のあり方を述べることは国の関与を前提とした誘導的な手法であり、事実上の政策金融機関と位置づけているものである（注106）。なお、「郵政事業の実施主体」にゆうちょ銀行等は含まれず、自主性の尊重規定は適用されない（注107）。

（注106）　閣僚の発言以外にも、新経済成長戦略における「慫慂」、ゆうちょ銀行等の資金運用に住民、利用者の要望を反映させるルールを定める提案に対する亀井郵政担当相の「精神論ではなくてこれを具体的に実施をしていきたい」との答弁（平成22年３月18日参議院総務委員会）など、政策金融機関として考えているととられる言動は数多い。

（注107）　仮に適用されるとしても、銀行法には自主性尊重規定があり（同法１条２項）、ゆうちょ銀行等が一般の金融機関であれば重ねて自主性尊重の規定は不要と考えられるが、政府が株式を保有することから資金運用への影響力の行使が懸念されるため、この規定があると整理される。

◎「郵政事業は、中小企業の振興その他の地域経済の発展及び民間の経済活力の向上に寄与するよう配慮して行われるものとする」（改革法案13条）とあるのは、どのような趣旨か

これについては次のように整理されている。

基本理念として経営の自主性の尊重を掲げており（改革法案11条）、資金運用は日本郵政、ゆうちょ銀行等の経営判断に委ねられている。政府として、ゆうちょ銀行等の資金が地域経済の発展や民間の経済活力の向上に役立つことを期待しているが、それはあくまで日本郵政グループの経営判断に基づく資金運用の流れの中で実現されるべきものと考えている。

「中小企業の振興その他の地域経済の健全な発展」への配慮は、郵便局長等の発想に基づく地方独自の多様な施策や地域に活力を生み出すふるさと支援施策を一層推進することにより中小企業の振興その他の地域経済の健全な発展に役立つよう、地域で行われる経済活動に貢献することを指す。「民間の経済活力の向上に寄与するよう配慮」は、自主的な経営判断に基づき経済活動を展開するにあたって、民間企業、産業の成長・発展の支援につながる取組みを実施することにより、経済全体の活性化を図り、経済成長の促進に貢献することを指し、具体的には、海外インフラ整備の支援を行う国際協力銀行の発行する債券の購入、ベンチャー企業等に資金供給を行うベンチャー型投資信託の購入、商業地域開発プロジェクトにおける郵便局ビルの高度利用等の取組みが想定される。

配慮義務により、日本郵政に対して、国は事業計画の認可を通じて地域経済の発展や民間の経済活力の向上に役立つ事業の実施を日本郵政に対して求めることが可能であると考えられる。しかし、ゆうちょ銀行等には、地方債、過疎債への運用、地域の金融機関との強調融資などが期待されていると考えられるが、「郵政事業の実施主体」に含まれないため地域経済等への配慮義務はないと考えられる。なお、地域経済の健全な発展の考慮として、日本郵政グループが物品等の調達を本社の一括調達体制から地域の中小企業からの調達とすることも考えられるがWTO協定との整合性の問題があることとなる。

◎ゆうちょ銀行等の預入等の限度額を引き上げても運用先がなく国債を引き受けるしかない。ゆうちょ銀行等を国債の引受機関にするつもりではないのか。郵政改革で、郵政民営化の「官から民へ」の資金の流れはどうなるのか

郵便貯金等が国債などへの運用が義務づけられていたことから、郵政民営化では「官から民へ」の資金の流れを変えるとされていた。これは資金がより市場メカニズムに則した形で流れ、民間の経営感覚を生かし、効率的な資金の配分を目指すものであった。しかし、民営化をしても結局国債などを引き受けざるを得ず「官から民へ」の資金の流れは実現しないとして民営化への批判があった。郵政改革はこの点について、ゆうちょ銀行等を民間金融機関として位置づけるので「官から民へ」の資金の流れを否定するものではないと整理されている。また、国債引受機関化については次のように整理されている。

　ゆうちょ銀行等は一般の金融機関であり、国債の引受機関とするものではない。資金の運用について、ゆうちょ銀行等は、その業務の健全かつ適切な運営を確保しつつ自らの責任において自主的に判断すべきものである。郵政改革は、地域経済の健全な発展及び民間の経済活力の向上に寄与することを旨としており、むしろ国債に偏り過ぎない運用が期待されている。

「官から民へ」の資金の流れは実現しないとの批判については、自立した民間企業の行動として市場規律が働く中で資金の運用が行われることに意義があり、民間企業の判断の結果として国債引受けが行われるのはやむを得ないと考えられる。重要なのは国の関与がなく自立した民間企業の行動として資金の運用が行われることである。国がゆうちょ銀行等の株式を保有し、性急な限度額の引上げで国債への運用を行わざるを得ない状況を作り出すことが、国債の引受機関化の懸念を生じさせると考えられる。

◎ゆうちょ銀行等を民営化すれば、資金の運用先を国債から外国投資等に変えるなど国債を大量に売却し、市場に混乱をもたらすとの批判があったが、郵政改革ではどうか

郵政民営化に対し市場の混乱をもたらすとの批判があったが、国債の価格の下落はゆうちょ銀行等自らの経営にも影響を与えることから、資金運用は国債市場をはじめとした金融市場に及ぼす影響を考慮しつつ適切に行われることが見込まれるとされた。郵政改革においても同様とされているが、日本郵政がゆうちょ銀行等の株式を３分の１超保有することによって、緊急時に市場の混乱を避けるためにゆうちょ銀行等に国債を引き受けさせるなど国が何らかの関与を行うことも考えられる。しかし、緊急時といえども一般の金融機関であれば応じない要請をゆうちょ銀行等が応じるとすれば、やはり政策金融機関のそしりを免れない。なお、ゆうちょ銀行等における急激な運用方針の変更は、国債市場における混乱を生じるおそれがあることから、郵政民営化時に設けられた国債市場における予測可能性への配慮規定が郵政改革においても引き続き設けられている（注108）。

（注108） 旧契約分については安全資産で運用され（民営化法162条２項３号、３項４号）、移行期間中はゆうちょ銀行等は資産運用の見通しを管理機構に報告し（同条２項４号、３項５号）、管理機構がこれを公表する（同法160条）。郵政改革で民営化法は廃止されるが同法160条の効力は残り、管理機構が関連銀行等の資産の見通しを公表する（改革法案63条２項）。なお、財投改革の際に郵便貯金、簡易保険は経過措置として一定額の国債引受けが義務づけられていたが、平成19年度で経過措置に基づく国債引受けは終了している。

⑸ 旧契約分

◎郵政改革で、独立行政法人郵便貯金・簡易生命保険管理機構（管理機構）はどうなるのか

郵政民営化前に預入等がされた定期性の郵便貯金、簡易保険（旧契約分）については、民営化後も政府保証が付されてお

り、民営化後に預入等がされた預金等とは別に取り扱う必要があること、リスク遮断の観点から別の法主体が管理する必要があること等の理由から管理機構が設けられ旧契約分が承継された（注109）。旧契約分には安全資産で運用する義務が課されている。ゆうちょ銀行が管理機構から預入された旧契約分（特別預金）は、預金保険制度の対象外で預金保険料が不要であり、ゆうちょ銀行には預金保険料相当額の超過利潤が発生することとなるため、預金保険料相当額を日本郵政に支払う仕組みとなっている（注110）。

郵政改革では、郵政改革法の施行後３年を目途として、管理機構の解散について検討を加え、その結果に基づいて所要の法制上の措置等を講じることとされている（改革法案16条）。管理機構を解散しようとする理由は明らかではなく、独立行政法人の数を減らすという行政改革の観点からとも考えられる。管理機構は旧契約分の管理運用状況をチェックする必要があり、委託先であるゆうちょ銀行等、再委託先である郵便局の監査を行っているため、その監査が煩わしいとの不満が日本郵政からあがっており、これに応えて廃止しようとするものと思われる。

（注109） ゆうちょ銀行が破綻した場合でも、旧契約分の預金者は管理機構に支払を請求するものであり、損害を受けない。ゆうちょ銀行の破綻により損害が生じるのは管理機構である。

（注110） 簡易保険については管理機構がかんぽ生命に再保険に出すが、再保険については生命保険契約者保護機構の対象外であり、かんぽ生命が保護機構の負担金を負担することはない。しかしこれを勘案して再保険の保険料が設定されることから、かんぽ生命に超過利潤は発生せず、日本郵政に資金を交付する仕

組みとされていない。

◎管理機構を廃止する場合には、どのような方策が考えられるのか

新たな組織を設け旧契約分を承継させるのでは行政改革とならないため、既存の組織に承継させることとなると考えられるが、ゆうちょ銀行等が承継するのではその破綻処理に際して政府保証の付された旧契約分と、民営化後の預金等との区分が困難となり、適当ではない。このため日本郵政が承継し旧契約分の法主体となることが想定される。しかし、これには次のような問題がある。日本郵政の管理機構に対する不満への対処であれば、管理機構の検査監督の合理化を図ることが現実的と考えられる。

・政府保証が付された旧契約分とその他の事業の経理を区分した上で、それぞれのリスクを厳格に遮断する法的措置を設ける必要がある。リスクが遮断されない場合、日本郵政の事業の破綻によって旧契約分へ補填（政府保証の実行）が行われ、国民負担が生じることとなる。

・現在管理機構が日本郵政グループに対して行っている監査は、政府保証が付された債務の履行の確実性等をチェックするために行うものであり、旧契約分の帰属が日本郵政に移っても同様なチェックを行う必要がある。そのため政府による日本郵政に対する監督を強化する必要がある。

・郵政改革後は、資本関係のある日本郵政の資金をゆうちょ銀行等に預入等することとなり、その資金に政府保証が付され

るため、ゆうちょ銀行等に対し「暗黙の政府保証」があるという見方に拍車をかける。

・現在、簡易保険の旧契約分の運用損益は管理機構に属し、かんぽ生命に旧契約分からの損益は発生しない仕組みであるが、日本郵政に損益が帰属すれば、郵政改革後は日本郵政とかんぽ生命に恒常的に資本関係があるため、利益がかんぽ生命の支援に利用されるおそれがあり、競争条件の公平性を損なうおそれがある。

(6) 独占禁止法との関係

◎独占禁止法9条は「事業支配力が過度に集中することとなる会社」を禁じているが、郵政改革後の日本郵政はこれに該当するのではないのか

郵政改革においては次のように整理されている。

> 個別の事例に係る判断は公正取引委員会において行われるが、日本郵政とその子会社である郵便事業会社、郵便局会社が合併することは、日本郵政グループ内の組織変更を行ったに過ぎず、日本郵政グループとしての実態に何ら変化がないことから、合併により存続会社となる日本郵政が「事業力が過度に集中することとなる会社」に該当することはないと考えられる。

しかし、独占禁止法9条3項では、「事業力が過度に集中すること」とは、「(子会社等の) 資金に係る取引に起因する他の事業者に対する影響力が著しく大きいこと」等により、「国民経済に大きな影響を及ぼし、公正かつ自由な競争の促進の妨げになることをいう」とされている。郵政民営化では、ゆうちょ銀行等の株式の25%以下の保有であれば、独占禁止法との関係は問題とならないとしているが、郵政改革では日本郵政にゆうちょ銀行等の株式の3分の1超保有を義務づけた上で、ゆうちょ銀行等の業務範囲は一般の金融機関と直ちに同じになることから、違反となるおそれも大きいと考えられる。

ゆうちょ銀行等が協調融資を除き一般の事業者向けの貸出等を営んでいないため、「資金に係る取引に起因する他の事業者に対する影響力が著しく大きい」とは考えにくいとの考え方もあり得る。郵政民営化では徐々に業務範囲が拡大されることから問題ではないとされていたが、郵政改革では、ゆうちょ銀行等が直ちに業務範囲を広げることから事情が異なると考えられ、順調に業務が拡大するほど独占禁止法違反に近づくことになる。

◎独占禁止法9条3項の「資金に係る取引に起因する」事業支配力の過度の集中の解釈として、公正取引委員会のガイドラインでは大規模金融会社として都市銀行クラスの金融機関が想定されており、郵政改革後のゆうちょ銀行はこの大規模金融会社に該当し、独占禁止法9条違反となるのではないのか

郵政民営化においては独占禁止法との調整規定は設けられず、他の民間企業と同様に市場経済の中で判断されるものとされたが、民業圧迫とならないよう段階的に業務拡大をすることから、当面、独占禁止法が問題になるとは考えにくいとされた。郵政改革では、ゆうちょ銀行等が日本郵政と資本関係を有し直ちに業務範囲が広がることから独占禁止法がより問題となり得る。

ガイドラインはかつての財閥を念頭に置いたものであるといわれ、一般の事業者向けの貸出等を営んでいない特殊性があるゆうちょ銀行にガイドラインをそのまま当てはめることは適当でなく、法の趣旨にのっとって考えれば大規模金融会社に当たらないとの考え方もあり得る。しかし、ガイドラインは外形基準を定めるものであり、融資を行えば該当するものと考えられる。また、大規模金融会社の判断となる資産額の基準には国債や社債も含まれると考えられ、融資額のみとして捉えることは適当ではないと考えられる。

4 郵政改革推進委員会

◎**郵政民営化委員会の活動はどうなっているのか**

政権交代後、郵政民営化委員会の事務局は廃止され、委員会も開催されなかった（注111）。また郵政改革法案の策定に際し郵政民営化委員会から意見の聴取は行われなかった。

これについては次のように整理されている。

> 郵政民営化委員会及び郵政民営化推進本部は郵政民営化法の下に設置された組織であって、同法の目的、基本理念及び基本方針に沿って郵政民営化の推進及び監視の事務を行うものである。現政権においては郵政について必要な改革を推進する方針であり、郵政民営化委員会を含む郵政民営化法を廃止して、新たな法制度の下で郵政事業を改革・推進するものであって同法の枠組みの外の話であることから、郵政民営化委員会が郵政改革について議論するのは不適当であり、意見を述べる相手方である内閣の意思決定も既に終了し、郵政民営化推進本部それ自身が政権交代後開催されていない。このような郵政改革の性質にかんがみれば、郵政民営化委員会に意見を求めるべきものではない。

郵政改革において郵政民営化法を廃止し、第三者機関として郵政改革委員会を設置するため、郵政民営化委員会を廃止することは政策論であるが、郵政民営化委員会が郵政改革の方向を支持しないことが明らかであっても（資料10）、郵政改革関連法案が成立するまでの間は現行法（民営化法）は遵守される必要があり（注112）、郵政民営化委員会の意見を求めるべきであったと考えられる。

なお、郵政民営化委員会は、政省令の廃止準備や罰則規定の改正に伴う周知が必要として2号施行日（郵政改革法の公布日から3月を超えない範囲内で政令で定める日）に廃止される（改革法案附則2号）が、平成24（2012）年3月には次の総合的見直しの時期が到来することから、仮に2号施行日がこの時期以降に延びるようであれば、郵政民営化推進本部の本部長である内閣総理大臣に意見が提出されることとなる（民営化法19条）。

（注111）「日本郵政側でも新しい法案が成立した後、新しい体制の下での本格的な新規商品の展開を考えていたため、過渡期において新商品に言及することはあっても、具体的な商品企画を練り上げ、総務省、金融庁および郵政民営化委員会に対してその許認可の申請をすることはなかった。このため委員会は、実質上休眠という状況であった」（文献130）。

（注112）「所得税法附則104条1項が、平成23年度までに税制抜本改革法案を提出することを政府に義務づけていることに関し、政府は法律を尊重し、しかるべく対応すべきこととしている」（平成23年1月26日衆議院本会議菅総理答弁）。

◎郵政改革推進委員会はどのような機能を果たすのか

関連銀行等の新規業務には届出義務があり（改革法案64条、67条）、届け出られた業務の内容について、同業他社との競争条件の公平性や利用者への役務の適切な提供を阻害することがないか否かについて、国民の目線で中立・公正な立場から判断することが適当であるとして、郵政改革推進委員会が置かれると整理される。委員会は、主務大臣（内閣総理大臣、総務大臣）の諮問に応じ次の３つの役割を担う。

① 関連銀行等が届け出た業務の内容及び方法に対して、主務大臣が必要な措置を構ずべき旨の勧告の要否、内容に関する判断基準の調査審議（改革法案18条１項１号イ、ロ）。

② 関連銀行等と子会社の業務に係る政策に関する重要事項に関する調査審議（同号ハ、ニ）。

③ 関連銀行等が届け出た業務の内容及び方法が基準に適合していない場合に、主務大臣が関連銀行等に対して勧告をしようとするときに意見を述べる（同項２号）。

①、②の結果について公表義務がある（同条２項）が、③について公表義務はない。

委員会は、郵政改革法の公布日から１年を超えない範囲で政令で定める日（３号施行日）から、特定日（注113）まで設置される（改革法案24条、附則３号）。ゆうちょ銀行等が関連銀行等でなくなれば委員会はなくなり、その後、日本郵政が他の金融機関の株式を保有して関連銀行等とする場合であっても委員会の監視を受けない。

委員は10人で任期２年であり（同19条、21条）、優れた識見のある者のうちから内閣総理大臣が任命をすることとされる（同20条）。金融機関の代表者、日本郵政グループの大口契約者などの利害関係者を除き、事業経営の専門家、地域の実情に詳しい人、学識経験者、有識者（海外の郵政事業、金融事情に詳しい人など）等の中立公正な立場で意見を述べることのできる人から任命されることが想定されている（主意書16）。

なお主務大臣は委員会の意見に従う法律上の義務はなく、主務大臣は勧告をした場合にその旨を公表する義務がある（改革法案65条3項、68条3項）。

（注113） 政府の日本郵政の株式保有割合が2分の1以下となり、かつ、日本郵政の関連銀行等の株式保有割合が2分の1以下となった日またはゆうちょ銀行等が関連銀行等でなくなった日（改革法案24条）。

◎郵政改革推進委員会の機能をどう考えるか

委員会の役割は限定的であり、次の点が郵政民営化委員会の役割と異なる。

① 関連銀行等の届出業務（新規業務）のみを対象とし、日本郵政の業務は対象としない。

② 預入等の限度額は対象ではない。

③ 判断基準は、「事業者との競争条件の公平性及び利用者への役務の適切な提供を阻害するおそれがないこと」とされ、利用者サービスと競争条件の公平性の確保が同等のものとされる。

④ 主務大臣が諮問しない限り、委員会に自主的に意見等を述べる機会がない。

⑤ 委員会には、主務大臣への勧告に際しての意見には公表義務がなく、主務大臣がどのような措置を採ったかの通知もない。

⑥ 総合的見直しは行わない。

⑦　郵政改革時から３号施行日までの間、委員会は存在しない。

⑧　日本郵政の関連銀行等の株式保有割合が２分の１以下となれば委員会は存在しない。

①について：ゆうちょ銀行等について、国、公社を経て、グループとしてこれまで一体的に業務運営を行ってきた経緯、権利義務を承継していることから、日本郵政からの独立性・自主性が十分であるといえないとすれば、国内外の物流業務など、日本郵政が行う事業についても同様の懸念があると考えられる。郵政民営化では、すべての会社の事業が監視の対象であったが、郵政改革では対象外とされる。

②について：新規業務については、届出を受理した特定の省庁の行為であることから広く判断の妥当性を検証するため委員会の対象とするが、限度額は政令で定められ、政令は関係省庁において調整が行われた後、内閣（閣議）において定められることから内容の妥当性について十分な調整・検証が行われること、法律違反となる競争条件の公平性を阻害する政令を制定することは考えられないことから委員会の対象ではない、と整理されている。しかし、国民目線に立つ必要から委員会を設けている趣旨からは、政令であっても対象とすべきであり、内閣は法律違反をしないが個々の省庁は法律違反とするとしてよいか疑問がある。また政令にはパブリックコメントの制度がある（行政手続法39条）ことも対象としない理由として考えられるが、重要な案件では中立性・専門性を尊重してパブリックコメ

ントのほかに第三者機関の意見を聴くのが通例である（郵政民営化も同様である）。

③について：郵政改革では、金融業務について政府出資があっても民間との競争上の問題はないとしていることから、委員会ではもっぱら利用者サービスに重点が置かれ、競争条件の公平性の確保は看過されるおそれがある。

⑤について：郵政民営化の場合、意見すべてに公表義務があり、関係大臣は行う措置に関し郵政民営化委員会に対する通知義務がある（民営化法19条）。このため主務大臣が委員会の意見をどのように反映したかが検証できるが、郵政改革では検証ができない場合がある。

⑦について：３号施行日は、委員会の人選、組織、予算等の政府内調整の期間を考慮して郵政改革時（平成24（2012）年４月１日）とは別にされたものである。これは郵政改革が行われても３号施行日までの間は委員会は存在しないことがあり得ることとなる。

⑧について：関連銀行等は国が直接株式を保有しないため委員会の対象とされず、ゆうちょ銀行等が、国、公社を経てグループとしてこれまで一体的に業務運営を行ってきた経緯等にかんがみ、関連銀行等である場合に委員会の対象とされている。ただし日本郵政の株式保有割合が２分の１以下となるなど日本郵政からの独立性・自主性が達成され、政府の間接的な関与が限定的となれば同種の業務を行う事業者との競争条件の公平性および利用者への役務の提供を阻害するおそれがないと認

められるとして、対象外（委員会の廃止）とされる。

特殊会社である日本郵政がゆうちょ銀行等の株式を保有すれば競争条件の公平性に影響があるため、郵政民営化では株式の完全処分までゆうちょ銀行等は監視の対象とされるが、郵政改革では株式保有割合が２分の１以下となることをもって独立性・自主性が達成され、政府の影響力がないとして対象外とされている。日本郵政の株式保有割合が２分の１以下となれば独立性・自主性が達成されるとするのであれば、政府の日本郵政の株式保有割合は無関係と考えられるにもかかわらず、その割合が２分の１以下となることも委員会の対象外となる要件とされており、競争条件の公平性は総合的に判断されていると考えられる。

政府の株式保有割合が２分の１以下となれば通常の民間企業と同じとし、競争条件の公平性を阻害するおそれがないとすることには疑問がある。郵政改革では競争条件の公平性よりもゆうちょ銀行等の業務拡大を志向しており、委員会の権能を狭く設置期間を短くする仕組みであることから、金融界からの反対等のために言い訳として委員会を設置した（注114）と理解されてもやむを得ないと考えられる。

（注114）　郵政改革素案（資料68）には郵政改革委員会の記述は見られず、金融界からの反対（資料73、74、76等）を受けた後の、「郵政改革に関する法案骨子について（談話）」（資料84）においてはじめて記述が見られる。なお「「郵政改革推進委員会」を設ける。民間の反発も踏まえた郵政相の発案だ。だが、大塚耕平金融担当副大臣は「政府が諮問しなければやらなくていい」と言い切る。委員会が機能するかどうかは疑問が残る」（文献99）。

5 WTO協定等との関係

◎WTO協定とは何か

WTO（World Trade Organization）協定（世界貿易機関（WTO）を設立するマラケッシュ協定）は、物品貿易だけでなく、金融、情報通信などサービス貿易も含めた包括的な国際通商ルールを協議する場である世界貿易機関について定めるものである。サービス貿易に関する一般協定（GATS：General Agreement on Trade in Service）はその一部をなすものであり、サービス貿易の障害となる政府規制を対象とした多国間国際協定である。GATSは協定本文と「付属書」「約束表」から構成されており、加盟国は、「約束表」に記載した分野において、別段の定めをしない限り、外国資本の参加制限など市場アクセスの制限をしてはならず（16条）、他の加盟国のサービス提供者に対し、自国のサービス提供者よりも不利でない待遇を与えなければならない（17条：内国民待遇義務）とされている。わが国は、金融サービスについて外資規制等の留保をしておらず（注115）、外資に対し内国民待遇義務を負っている。

米国、EUは、これまで「日米規制改革イニシアティブ」（注116）「日・EU規制改革対話」（注117）などにおいて、郵便貯金、簡易保険について民間企業と完全に同一の競争条件を整備すること、具体的には、郵便貯金、簡易保険に、民間企業と同様の法律、規制、納税条件、責任準備金条件、基準、規制監督を適用すること、郵便貯金、簡易保険、他の関連業務との間の取引がアームスレングスであること（客観的な第三者間の公正な関係であること、独立企業間の取引・価格であること）を保証するため完全な会計の透明性を含む適切な措置を実施する等の要望を行っており、平成19（2007）年2月の米下院の歳入委員会の公聴会において、シュワブ米通商代表部（USTR）代表は、日本の郵政民営化について民間との公平なイコールフッティングを保てないと判断すればWTOへの提訴も辞さないと発言している（主意書6）。

郵政改革に際しては、米国、EUや、在日米国商工会議所（ACCJ）、在日欧州ビジネス協会（EBC）等から、日本郵政グループが外資を含む他の民間事業者よりも有利な待遇を受けているとの懸念が表明されており、郵政改革「法案は我々が繰り返し説明してきた懸念を反映していないようであり、GATS上の国際的な義務を果たすという日本の約束に関し、新たな重大な疑義が発生した」との意見表明が行われている（資料74、95）。ルース駐日米大使とリチャードソン駐日欧州連合大使からは平野官房長官に対しWTO協定に違反する可能性があると警告する書簡が送られており、平成22（2010）年5月には郵政改革についてWTO大使級協議（注118）が行われ懸念が表明されている（資料100）。

（注115）　預金保険制度は外国銀行の支店が取り扱う預金を対象としない等の若干の制限がある。なお、郵便分野については自由化を

約束していない。

(注116)「日米規制改革イニシアティブ」は、平成13年6月30日に行われた日米首脳会談の際に立ち上げられた「成長のための日米経済パートナーシップ」の下に設置された6つの枠組みの1つ(「規制改革及び競争政策イニシアティブ」)であり、日米両国政府が規制改革を通じて経済成長を促進するためのもの。

(注117)「日・EU規制改革対話」は、日本の規制緩和推進計画策定を機に、平成6年に開始された日本政府とEU(欧州委員会及び加盟国政府)との間の対話の枠組み。なお、日本・EC共同宣言(日本国と欧州共同体及びその加盟国との関係に関するヘーグにおける共同宣言)では、「2. 対話及び協力の一般的原則日本国並びに欧州共同体及びその加盟国は、双方が共通の関心を有する政治、経済、科学、文化その他の主要な国際的問題に関して、相互に通報し、協議するよう、確固たる努力を行う。双方は、適切な場合にはいつでも、立場の調整に努める。双方は、双方の間及び国際機関において、協力及び情報交換を強化する」とされている。

(注118) WTOの紛争解決手続は、加盟国が他の加盟国に対し、2国間協議を要請し(この要請はWTO紛争解決機関に通報される)、両当事国による協議が実施される。協議により一定期間(通常60日)を経過しても解決されない等の場合、加盟国は第1審に相当するパネル(小委員会)に付託することができ、パネルの報告書に不服がある場合には、最終審に相当する上級委員会に申し立てをすることができる。なお、本協議は、この紛争解決手続による協議ではないとされている。

◎郵政改革の何がWTO協定違反なのか

米国、EUが懸念等を表明している点など、WTO協定違反として問題となり得る事項として次のようなものがある。

① ゆうちょ銀行等に民間金融機関と同様の法律、規制、納税義務等が適用されること。

② ゆうちょ銀行等と日本郵政と間の取引がアームスレングスであること。

③　郵便局へのアクセスが平等であること（ゆうちょ銀行等と同じ条件で委託契約が行われること）

①について、ゆうちょ銀行等に銀行法等の適用があり、同じ破綻法制、セーフティネットによる点で問題はないが、次のような事項に内国民待遇違反の懸念があると考えられる。

- ・ゆうちょ銀行等の業務を受託する小規模郵便局への検査・監督への配慮規定（改革法案14条）があること。
- ・ゆうちょ銀行等を子会社とする場合のみに、持株会社である日本郵政に銀行法、保険業法の特例があること。
- ・政府の株式保有に伴い、ゆうちょ銀行等に競争上の優位性があり得ること。
- ・限度額の引上げ、業務範囲の拡大が、競争上の優位性とのバランスを逸する懸念があること。
- ・業務拡大等と競争上の優位性とのバランスをチェックする郵政改革推進委員会の機能が弱い懸念があること。
- ・かんぽ生命が保険金不払いに係る金融庁の調査を免れていることは、かんぽ生命が金融庁から特別の取扱いを受けており競争上の公平性に懸念があること。
- ・ゆうちょ銀行等が旧契約分の預入等を受けることは資金運用の点で優位性があること。
- ・グループ内取引の消費税を非課税化する場合には、ゆうちょ銀行等が特別に扱われることになること。

②は法制度上の問題でなく運用の問題であるが、ゆうちょ銀行等と日本郵政に資本関係があることが懸念を生じさせる要因

である。③は、例えばゆうちょ銀行等が直営店以外に約２万の郵便局を窓口としているのに対し、他の金融機関は約1,000の郵便局しか窓口としていない現状に不公正との意見もあるが運用の問題である。

◎郵政改革はWTO協定違反か

郵政株式売却凍結法（資料33）については、ゆうちょ銀行等が一般の金融機関と同じとなることを妨げ政府の関与を残そうとするものであったが、政府は日本郵政の株式の処分の停止等を内容とするものに過ぎず、WTO協定違反の懸念はないとしていた。さらに郵政改革については「郵政事業は、同種の業務を行う事業者の事業環境に与える影響を踏まえ、当該事業者との競争条件の公平性に配慮して行われるものとする」ことが基本方針であり（改革法案12条）、この基本方針の下、「経営の自主性」と「競争条件の公平性」のバランスの取れた設計としており、従来からの郵便に金融を加えた郵政事業の基本的な役務が郵便局で一体的に利用できることを確保する観点から必要な措置を講じるものであって、金融サービスに関し新たに留保等の措置を設けるものではなく、WTO協定をはじめとする国際約束との整合性は確保されていると整理されている。

しかし、基本方針がどのようなものであろうと、実質的な内国民待遇（対等な競争条件）が確保されていなければWTO協定違反とされる可能性は否定できない。ゆうちょ銀行等の郵政事業からの分離、株式の完全処分など郵政民営化はWTO協定も考慮されたものであったが、それでも政府が株式を保有している間の業務や郵便局会社へのアクセスの平等について、内国民待遇が求められていた。郵政改革は内国民待遇に反する懸念を拡大するものである。

米国、EUは金融のユニバーサルサービス義務を競争の公平性の上位に位置づけることはGATSに照らして問題があるとしている。金融のユニバーサルサービスを提供する仕組みや、郵便に金融を加えたサービスが郵便局で一体的に利用できることを確保する仕組み自体がWTO協定に反するものではなく、これらの仕組みを競争の公平性に反することなく設けることは可能であると考えられる。問題なのはゆうちょ銀行等が特別に扱われることである。外国の金融機関を含めたすべての金融機関が、それぞれの経営判断によって、ユニバーサルサービスを提供する仕組みを担う金融機関となり得ることが重要である。ある金融機関が望むなら、ゆうちょ銀行等と同じ立場となり得ることが保証される必要があると考えられる。

◎郵政改革はTPP協定を締結する際に問題になるのか

TPP（Trans-Pacific Partnership：環太平洋パートナーシップ）（注119）協定については、菅内閣において、関係国と協議を続け、平成23（2011）年6月を目途に、交渉参加について結論を出すこととされていた（注120）。

現行のTPP協定では、金融サービスについて適用しないとされており（第12章12.3範囲2.(a)）、また、米国は郵政改革に関し関心を有している（注121）が、TPP協定交渉への参加条件として、米国等の関係国から郵政改革に関する言及はないとされている（注122）。

なお、「包括的経済連携に関する基本方針」（平成22（2010）年11月9日閣議決定）では、非関税障壁を撤廃する観点から行政刷新会議で検討を行うこととされているが、郵政改革法案はその対象とされておらず、政府において郵政改革は非関税障壁ではないと認識されている。

（注119） 貿易自由化を目指す経済的枠組みであり、シンガポール、ニュージーランド、チリ、ブルネイにより平成18（2006）年に発効。平成22（2010）年10月までに、米国、豪州、ペルー、ベトナム、マレーシアを加えた9カ国が参加。

（注120） 注66と同じ。

（注121） 日米間の貿易・投資等に関する問題を幅広く議論する場である日米貿易フォーラムが平成23年1月15日に開催され、TPPが取り上げられた。2国間の個別問題として米国から郵政関連問題について提起があったが、TPPの中での議論ではないとされている（平成23年2月4日衆議院予算委員会自見郵政改革担当大臣答弁）。

（注122） 平成23年1月23日参議院本会議自見郵政改革担当大臣答弁。

◎日本郵政グループは政府調達協定とどのような関係があるのか

政府の物品等の調達については、WTO「政府調達に関する協定」があり、締結国は、次のような措置を講じることとされている。

・政府調達について、他の締結国の産品及びサービスに対して内国民及び他の締結国と同等の待遇を与える（3条：内国民待遇及び無差別待遇）。

・政府調達に基づき、輸入される産品及びサービスについて、通常の貿易における原産地に関する規則と異なる規制を適用してはならない（4条）。

・開発途上国に対して、開発上、資金上及び貿易上のニーズに妥当な考慮を払う（5条）。

・入札において、調達に適合することを要求する要件として、商標、商号や産地、供給者等を特定してはならない（6条）。

適用範囲は中央省庁のほか特殊法人等であり、日本郵政グループも含まれる。協定では一定の基準額以上の調達について内外無差別、公正、透明となる手続をとることが定められており、わが国の自主的な措置としてより少ない金額を基準額として定めている。

協定の適用対象となることは、通常の民間企業に比べ入札手続に時間等を要することとなり、不利な競争条件として働くおそれがある。ゆうちょ銀行等については郵政民営化では完全な民間企業となることが予定されていたことから、適用対象外となることも想定され得たが、郵政改革では政府の関与が続くことから適用対象外となることは困難と考えられる。

また、地域経済への配慮（改革法案13条）として日本郵政グループが物品調達に際し地域からの調達を優遇すれば、協定違反となり得ると考えられる。

6 民意の反映

◎郵政改革は選挙での民意を反映したものか

郵政民営化は圧倒的な支持を受けたが、民営化のみが支持を受けておりそれ以外の内容は理解されていないとの批判もある。しかし、郵政民営化法案が国会に提出され、国会での審議の途中における衆議院選挙（平成17（2005）年9月）により支持を受けたものである。これに対し、平成21（2009）年8月の衆議院選挙で政権交代が起こったが、郵政見直しは主要な論点ではなく、郵政改革の内容は法案の姿をとっておらず、その内容が理解されていたかの疑義は郵政民営化の場合よりも強い。また、郵政改革関連法案が国会に提出され、国会での審議が行われていた平成22(2010）年7月の参議院選挙で民主党・国民新党は敗北しており、特に郵政改革を推進する国民新党は議席を獲得できなかった。これは郵政改革の内容が理解された上で郵政改革関連法案が否定されたとも理解できる。

この参議院選挙において郵政改革関連法案は主要な争点ではなかった、国民新党は議席は獲得できなかったもののそれなりの票数を得ている、郵政改革関連法案は国民生活の利便に資するものであることから賛同を得られている、との見方も考えられるが、国民新党は郵政改革が看板であり、敗北したにもかかわらず郵政改革への支持があるとするのは理解できない。また国民新党の得票は100万票たらずであるのに対し、郵政民営化を支持するみんなの党は794万票を得て議席も得ている。

金融ユニバーサルサービス、郵便局の維持、郵便局での３事業一体的利用などに関する問題点については、郵政民営化当時から指摘されており、民営化によってはじめてわかった弊害ではない。その弊害よりも民営化が支持されたと理解すべきであり、金融の歪みの除去など郵政民営化の根幹に関わる事項を修正すべきではないと考えられる。

◎郵政改革は郵政労組からの支援をあてにした国民新党の選挙目当ての政策ではないのか

郵政改革は、国民生活の安定向上および国民経済の発展、豊かで住みよい地域社会の実現に寄与するものであるからこそ、政府一丸となってその実現を目指すものとされる（資料31）。しかし、例えば日本郵政グループに関する国民新党の政府への申入れ（資料77）は日本郵政グループの主張と同じであり（注123）、また、国民新党からの正規職員化の要請とゆうちょ銀行等の預入等限度額の拡大の要請が取引されているとの指摘（注124）や、民主党が郵政改革法案を審議する衆議院の特別委員会を平成23（2011）年３月中に設置しなかったことへの報復措置として国民新党が民主党の統一地方選挙候補者683人のうち385人の推薦を取消しを行っているように、郵政グループのために国民新党が郵政改革を主張しているのは明らかと考えられる。

郵政民営化の際には、公社とライバル関係にある企業からの出向者を含めて法案作りが行われたため、それらの企業のために郵政民営化が行われているとの指摘があったが、郵政改革では、日本郵政からの出向者に郵政グループの法案を作成させている。

郵政民営化については、米国政府との協議等が行われ、その要望と郵政民営化の内容が一致する点があったため、米国のために郵政民営化が行われたとの批判があった。郵政改革についても、郵政グループからの要望を受け、その要望と郵政改革の内容が一致することから、郵政グループのために郵政改革が行われるとの批判が成り立ち得ることとなる。

（注123）「郵政相は２月、郵便局内に設けた間仕切りを早急に撤去するよう日本郵政に迫った」（「選挙にらみゆがむ郵政」日本経済新聞平成22年３月25日３面）。

（注124） 国民新「党が、今回の郵政改革を、７月に迫った参議院選挙向けの集票、集金マシーンとしてフル活用しようと暗躍しているのである。」「非正規職員の正規化、職員の地元採用、物品の地元調達など、本来は経営が独自判断で決定すべきことを多く掲げているのが特徴だ。そして、これらの要求を実現させることによって、国民新党が参議院選挙へ向けて支持基盤を拡大しようと目論んでいることが透けて見える。」「亀井大臣は、「……これについては斎藤社長に対して厳命をいたしております。わが国における、人間を大事にする雇用の見本となる雇用形態をつくれと、それをもう口先だけじゃ駄目だと、具体的なものを出さない限りはこの法律を私は出さないとまで言っているんです、改革法ね。そういう雇用に関する抜本的な改革案を出すことを踏まえて新しい郵政の在り方に対して最終的な私は結論を出す」と述べているのだ。基本法の早期提出は連立内閣が国民に対して公約したことだ。それを止めるという恫喝まがいのことを口にして、斎藤社長に非正規社員の正規社員化を迫っているということを、所管の亀井大臣が国会で堂々と答弁しているのである。」「同党の有力政治家の中からは、日本郵政の関係者

に、「１人５万円の年会費で50人程度を集めて、私的な後援会を作ってほしい」とか「１枚２万円のパーティ券を100枚売って来てほしい」といった要求が五月雨的に飛んでくるという。これらの行為からは、職員の正規化や地元採用、購買先の地元企業への切り替えなどのばら撒きによって間接的に人気取りをしようというだけではなく、直接的に選挙資金や集票でも、日本郵政の組織をフル活用しようという国民新党や同党幹部たちの意図が透けている。その実態は、「小泉民営化で忘れ去られた公共性を取り戻す」という連立政権の郵政改革の哲学とは、似ても似つかない。エゴむき出しの政治家の論理である」（文献74）。

◎郵政改革は民主党の従来の主張と異なっている。国民新党の協力を得るため主張を変えているのではないのか

平成17（2005）年の郵政民営化関連法案の審議における民主党対案（資料１）や、当時のマニフェストは今の郵政改革法案とは異なる内容となっている。これについては、今回の郵政改革は、現時点における郵政事業の状況を踏まえて行ったものであり矛盾するものではないと整理されているが、どのような状況の変化があったかの説明はない（注125）。例えば、かんぽ生命は完全民営化とされユニバーサルサービスも必要とされていなかったが、なぜ変更したのかは不明である。また例えば、郵政民営化法が多数の事項が政省令に委ねられている点を「重大な瑕疵」があるとして、特に郵便局の設置基準が総務省令で、ゆうちょ銀行等の預入等限度額が政令で定められることが問題視されていた（注126）が、郵政改革でも、郵政民営化と同様に多数の事項を政省令に委ね、郵便局の設置基準は総務省令で、ゆうちょ銀行等の預入等限度額は政令で定めることとされているが、この点の説明もない。

既得権の打破等が期待されて政権交代が行われたと考えられるが、郵政グループの既得権を擁護する郵政改革を行い、民主党の主張である租税透明化に反してまで日本郵政グループの消費税を減免しようとするのは、国民新党の協力を得るためであると理解される（注127）のも当然であり、郵政改革法案に関する閣僚間の意見の食い違いは、民主党の意見が国民新党の意見に振り回されているためとも考えられる。

（注125）大塚郵政担当副大臣は、「我々としては、今の郵政事業のあり方には、その（民営化）後、幾つかの弊害が出ているのではないかということをしっかり主張させていただいて、その私たちが、今、政権を担わせていただいているわけですから、軌道修正は当然するべきであろうということで、今回の考え方に至っております」と説明している（資料77）。

（注126）「郵政民営化関連法案を審議するに当たり、法案提出に関して重大な瑕疵があり、特に以下の点を明確にすることが欠かせない。3. 多数の政省令に委ねている点。・関連６法案の全条文の中で、政省令が出てくる箇所は234と膨大で、その多くが政令（省令）で定めるとされている。・例えば、議論の大きな焦点である郵便局の設置基準は総務省令で、また郵便貯金銀行と郵便保険会社の預入限度額は政令で定めるとされている」（平成17年５月20日（民主党HP））。

（注127）「参院選を控え「郵政票」獲得で議席数増を狙う国民新党の思惑と、マニフェスト履行のために国債発行に頼らざるをえない民主党の利害が一致したともいえる」（文献104）。

◎郵政改革は、関係者の声を反映したものか

郵政改革法案の作成に際しては、公開ヒアリング（30団体・者）、地方公聴会（日本郵政主催全６回）、意見募集（パブリックコメント、22団体・197者）、郵政改革担当相による関係団体からの直接ヒアリング、郵政改革関係政策会議（全16回、資料32、

62、67、69～72、75、78、79、81、87～90、97）等において、多くの意見や要望を聴取し、これらの意見を踏まえ郵政改革法案が作成されたと整理されている。

しかし、郵政民営化の実態をチェックする権限がある郵政民営化委員会からは、政権が変わったから聞く必要がないとしてヒアリングは行われていない。また、金融のユニバーサルサービスは民間銀行によるATM網や民間生保の生命保険募集人により実現している、預入限度額が引き上げられた場合ゆうちょ銀行へ資金がシフトする懸念がある、などの指摘に対しては明確な回答は行われていない。

◎郵政改革の後に、さらに郵政事業を見直すことはないのか

郵政民営化では100時間以上の国会審議が行われたのに対し、郵政改革では6時間の国会審議（平成22（2010）年5月衆議院）をもって可決された。金融のユニバーサルサービスの義務づけの是非、ゆうちょ銀行等への政府の関与等、考え方に大きな隔たりがあったため、郵政民営化では長時間の国会審議が行われ、かつ、3年ごとの総合的見直し規定が設けられた。郵政改革では関係者から十分な意見聴取を行ったと整理されているが、法案作成までに議論が行われれば国会審議は不要とする考え方は適当ではないと考えられる。

また、郵政改革では、郵政民営化により郵便局における郵政事業の一体的利用が困難となり金融のユニバーサルサービス確保に懸念が生じている、と郵政民営化の際から明らかであった理由を基に改革を行うとしているが、考え方の相違は埋まっていない。仮に対処が必要であるとしても郵政改革の方法に限定されず両者の融合を図るべきである。法律改正を行うまでもなく、金融庁における法律の運用の改善、郵政グループにおける運用の改善によって、郵政民営化に対する不満の多くの事項は対応可能であると考えられる。

さらに、郵政事業は郵政省→郵政事業庁→郵政公社→郵政民営化→郵政改革と短期間で組織変更等を伴う改革を繰り返し、経営の予見可能性や事業の安定性からマイナスをもたらし、職員のモラルも低下していることから、郵政改革では郵政改革後の短期的な制度の見直しは不要であり（注128）、持続的発展が可能な制度であると整理されているが、今回の郵政改革が郵政民営化を短期的に変更し、経営の予見可能性や事業の安定性にマイナスをもたらし、職員のモラルを低下させるものである。郵政民営化が長い時間をかけて検討された結果であってもなお見直しを行うとされたように、郵政改革が実施された後も見直しは必要と考えられる。

なお、郵政改革は持続可能な制度設計とされる一方、日本郵政グループの将来は自らのガバナンスにかかっており、仮に日本郵政グループの経営努力が十分なされ、それでも経営が危機的な状態に陥るおそれがある場合には、ユニバーサルサービスをどうやって確保していくべきか改めて国民的議論が必要になる、と整理されている。しかし、日本郵政グループに最大限の経営合理化・効率化の努力を求める仕組みを設けることなく、また、シミュレーションや費用対効果分析を行うことなく、ゆうちょ銀行等の株式配当益等を補助する制度改正を行いながら、日本郵政グループの経営が行き詰まった場合にはユニバーサルサービスの確保のために国民的議論が必要とするのは無責任であり、「ユニバーサルサービスの確保」を大義名分として、日本郵政グループに放漫経営を許し、さらなる援助を行おうとするものと考えられる。

（注128） 郵政民営化の際には「最初の一期も終わっていない現在、その経緯も見ないで、経営形態を変えてしまう民営化を急ぐのはあまりにも危険だ」（文献６）としながら、郵政民営化についてはその成果を見ないで郵政改革を急ぐことは危険とはされず、郵政改革をするとその見直しは不要とされている。

Ⅲ 郵政民営化の見直し

◎郵政改革はすべての問題を解決するのか

郵政改革では、金融サービスを含めた郵政事業の郵便局での一体的利用に対する懸念について対処とすると整理されているが、郵政民営化に対する、郵便事業の将来についての解決策がない（注129）、ゆうちょ銀行等が旧契約分に係る資産運用を行うことがイコールフッティングに反する、巨大な資金を分割すべき、情報公開法の適用がない（注130）等の問題（注131）については対処されていない。また、民営化による合理化・効率化に伴って生じると指摘されていた問題について対処策を示すことなく民営化が維持されている。これらは、郵政改革が、従前の郵政グループにとって都合が良い部分（例えば公社に戻さないこと（38頁参照））については郵政民営化の方策を維持して、不満がある部分のみを改正する、郵政グループにとって必要な改革であって国民のための改革ではないことを示していると考えられる（注132）。

（注129）「郵政の問題というと、もっぱら郵貯問題であるという理解では不十分であり、改革案の有効性を検証する上では、郵便事業の将来のあり方をどう構想しているかがむしろ重要である」。郵便を取り巻く環境は厳しく「郵便事業については事業効率化と収益改善が最優先の課題として検討されなければならない。それとともに、郵便局ネットワークの規模と配置についても、それからの国民の純便益（便益－費用）が最大になるように見直される必要がある」。小泉郵政改革についても２つの疑問があり、「郵貯・簡保を切り離した後の郵便事業のあり方に関して、政府としての責任ある見通しを示していない。」「全くの当事者任せになっている。」「もう１つの疑問は、郵貯と簡保を立派な民間銀行と民間生命保険会社にするという方針になっていることである。」「今回の見直し案は、不十分な制度設計をよりずさ

んな制度設計によって代替しようとするものであり、問題解決に資するものでは全くなく、中長期的には問題解決をより困難にするものであると危惧される」（以上文献85）。「郵政の根幹は郵便事業。郵政改革も郵便事業をどのような形で継続させるかに主眼を置くべきだ。だが、小泉政権の民営化法も、現政権の見直し案も、この基本をおろそかにしている。結果として、抜本改革は10年以上にわたり先送りされ、郵便事業が単独で生き残る道は完全に断たれた。90年代までは、宅配便事業を新たなビジネスチャンスにする可能性もあったが、今では先行する民間大手との格差が開き過ぎ、追随するのは困難な状況だ。必要なのは、厳しい現状を踏まえ、硬直化した郵便局ネットワークの見直しなど基本的な議論に立ち返ること。郵便事業の大半を民間に移譲し、郵便局は離島などへき地サービスに特化する発想があってもいい」（文献134）。

（注130）　日本郵政は現在政府出資100％でありながら、独立行政法人等の保有する情報の公開に関する法律、独立行政法人等の保有する個人情報の保護に関する法律の対象外である。

（注131）「日本郵政株式会社が、独占利潤や政策支援を、ヤマトなどとの競争分野に投入し、相手の体力を弱める消耗戦を展開できる仕組みをつくったのである。……注意を要するのは、民営化後も郵便事業が事実上の独占を容認されており、料金決定に企業間の競争が働かない点である。誤解を恐れずに言えば、日本郵政株式会社と郵便事業会社は「値上げの自由」を手にしたにほかならない」（文献11：29頁）。

（注132）「人員削減を含むような合理化の努力や郵便局ネットワークの再編をしなくても済むという意味で、郵政事業の関係者にとっては好ましいことかもしれない。しかし、結局のところは国民負担増につながって、郵政事業から国民が受ける純便益は低下することになる恐れが大きい」（文献85）。「国民の負担を増やし利益を奪う。端的に言えば、国民の利益を奪って郵政ファミリーの利益を守るという罪である。……郵便のユニバーサルサービスは、各国に課せられた責任であり、その実現のために各国は苦慮している。しかし、それが難しいからと言って、銀行業でそれを補填（ほてん）している国が他にあるのか。少なくとも主要国のなかで、そうした国は存在しない。例えばアメリカは、広大な国土に全国一律サービスを適応しているが、金融面

の補塡など一切ない。ちなみに、日本の郵便料金は現状でアメリカの２倍している。亀井案は非効率を温存してきた郵政ファミリーに対し、これ以上努力しなくてよい、という甘いメッセージを送るものでしかない。もちろんそのコストは、金融の民業圧迫から生み出されるものであり、国民の負担増にほかならない」（文献93）。「民間と同じ業務範囲にして国の保証は大きくするという、郵政にとっての「いいとこ取り」が行われた」（文献95）。「「金融制度や金融システム全体の中で日本郵政がどうあるべきか」という観点は抜け落ちて、そこにあるのは「郵政の、郵政による、郵政のための」にすぎない。国民新党の回答書は、それを如実に物語る」（文献96）。

◎郵政改革でも民営化は維持され、郵政民営化でもゆうちょ銀行等との持合いを認めているなど、郵政改革と郵政民営化に大きな違いはないのではないのか

郵政については、金融のユニバーサルサービスの義務づけ、分社化など様々な争点があるが、郵政民営化の本質は、郵政事業がもたらす金融市場の歪みの是正にあったと考えられる（注133）。この観点からは、関連銀行等の制度を採り、日本郵政に関連銀行等（ゆうちょ銀行等）の３分の１超の株式保有を義務づけた点が、郵政改革の最大の問題である。

ゆうちょ銀行等に引き続き銀行法等が適用される点は良いが、ゆうちょ銀行等は預入等限度額がある特殊な金融機関であり、「暗黙の政府保証」が発生するおそれがあるなど金融市場に歪みをもたらしかねない。また、ゆうちょ銀行等に経営の自由を持たせるため一般の金融機関と位置づけようとするあまり、大株主である政府が経営に関与しないとすることから、ゆうちょ銀行等に放漫な経営を許すおそれがある。逆に政府が関

与すれば無駄な資金運用を指示しかねない。郵政民営化でも、日本郵政がゆうちょ銀行等の株式を買い戻すことや持合いは許容されているが、通常の企業として必要性が合理的に説明される範囲内で認められるものであり、ゆうちょ銀行等に対する株主の経営監視が損なわれるものではない。

郵便事業会社等の合併についても問題があり、100%子会社の合併（3社→1社）であることや、日本郵政のゆうちょ銀行等の株式保有など外形的に似ているからといっても、郵政改革と郵政民営化の違いは大きく、2つは似て非なるものである（45～46頁参照）。

（注133）「郵貯・簡保が健全性を維持できた背景には、郵政事業が実質的に巨額の補助金を得てきたことがある。この補助金の存在は民間金融機関に対して郵貯・簡保の利回りや利便性を高め、金融市場に大きな歪みを生じてきた」（文献7：21頁）。「郵政民営化が必要な第1の理由は、金融市場と日本経済を健全化するためです。世界広しと言えども、官である郵政事業体がこれほど巨大な金融事業をやっているところなどないわけです」（文献62：13頁）。

◎郵政改革が行われない場合、郵政事業はどうなるのか

仮に郵政改革関連法案が成立しない場合には、郵政民営化による5社体制が継続するとともに、移行期間（平成29（2017）年9月30日まで）は上乗せ規制（預入等限度額、新規業務の制限など）が継続することとなる。また、政府による日本郵政の株式の処分、日本郵政によるゆうちょ銀行等の株式の処分、かんぽの宿等の譲渡・廃止は、郵政株式処分凍結法により引き続き停止される。

今後、法律の手当がなく移行期間が終了した場合、次のような事態となる。

① 郵政民営化委員会は廃止される。

② ５社体制の下で日本郵政グループが活動を行う。

③ 政府が日本郵政の株式を100％保有し、郵便事業会社、郵便局会社、日本郵政が各特殊会社法に基づき業務を行う。

④ ゆうちょ銀行等について、郵政民営化法に基づく上乗せ規制がなくなり、日本郵政が100％株式を保有しながら一般の金融機関と同一の業務を行うことができる。

⑤ ゆうちょ銀行等の株式の売却益を用いる社会・地域貢献基金が十分に積み立てられないまま、積立てのための租税特別措置が終了する。

⑥ ゆうちょ銀行等と郵便局会社の間の窓口業務委託契約が終了する。

郵政民営化の観点からは、④、⑤が問題であり、特に日本郵政が100％株式を保有しながらゆうちょ銀行等が一般の金融機関と同一の業務を行うことは問題が大きいと考えられる。郵政改革の観点からは、②、⑥が問題であるが、日本郵政によるゆうちょ銀行等の株式保有が続く限り金融サービスが行われない可能性は低く、⑥は大きな問題ではないと考えられる。郵便事業会社等の３社が合併しないことへの不満はあると考えられるが、運用で対応が可能と考えられる。

郵政改革関連法案の帰趨が明らかでないことの問題は、郵政事業のあり方が長期にわたり定まらず、予見可能性を持って責任ある経営を行うことを困難としていることであり、経営責任が曖昧なまま郵政事業が行われることである（注134）。ゆうちょ銀行等についても、株式売却が凍結される間は業務範囲等の拡大は認められないとされており（注135）、一般の金融機関となる準備ができないままの状態が続くこととなる。このような状態をもって郵政改革の早期実現が必要と主張されることもある（注136）が、郵政改革を断念することでも解決になる。

（注134） 日本郵政グループの株式売却凍結について「どうせ国有化してしまうのなら、株式を100%持つという形ではなくて、公社にするほうがよほど健全だ。公社ならば国のガバナンスが利く。しかし今の「実質的には国有化されてはいるけれども国営企業ではない」という状態では、国のガバナンスも市場のガバナンスも利かない。つまり郵政ファミリー企業がやりたい放題にできる」（文献58：101頁）。

（注135） 郵政民営化委員会田中委員長は「完全民有民営に至るスケジュールが論じられ、またその方向に対して政府が明瞭な関与をしている限り、少しずつ水に慣れさせることは必要だという視点で、我々は新商品を認可する方向で判断をしてきた。しかし、現在のように株式売却の凍結の状況のまま、当面、完全民有民営に至る道筋が成り立たない状況下では、新規の商品を認めるべきではないと考えるべきではないか」としている（文献130）。なお注95参照。

（注136） 「いつまでも放っておくのは適当でない。……新規業務をある程度認めないと、赤字垂れ流しによる財務体質の悪化は避けられようがない。……放りっぱなしを続けるなら国民の資産である郵政事業の劣化だけが進む」（文献136）。「もっと便利な郵便局への改革を求める国民の声に、国会は応えるべきではないか。……将来の展望が開けない中で、社員の士気やサービスが低下するのを防ぐためにも、早急に日本郵政グループの組織見直しを進める必要がある」（文献137）。

◎どのように「郵政事業」の「改革」を行うべきか

郵政民営化に対する不満は概ね次の①〜⑦であると考えられる（32頁〜34頁参照）。

① 分社化による問題

② 総合担務の廃止による問題

③ コンプライアンス強化による問題

④ 合理化による問題

⑤ 経営基盤の脆弱化への不安

⑥ 日本郵政グループの不満

⑦ その他（金融サービスが受けられなくなる不安、郵便局が撤退する不安）

重要なのは、郵政民営化の本質（金融市場の歪みの是正）を損なうことなく、これらの不満に対応した郵政民営化の見直しを行うことである。①〜⑥については、郵政改革によらなくとも運用による対処が可能であり、逆に、郵政改革による見直しを行ったとしても郵政民営化の本質を大きく損なうものではない。⑦の金融のユニバーサルサービスの是非は考え方の相違であり、どちらが正しいとするものではないが、その実施方法として日本郵政にゆうちょ銀行等の株式保有義務を課すことは金融市場に歪みをもたらす。郵便局の撤退の不安は郵便局の設置基準をもって解決され、郵便事業の将来は郵便事業自体での合理化等の努力以外には他の事業からの収益に依存する仕組みであることは、郵政民営化、郵政改革ともに異なるところはない。郵便局を地域の活動拠点として活用する考え方についても共通している。

「郵政事業」の「改革」として不適切なのは、日本郵政にゆうちょ銀行等の株式保有義務を課し、金融市場に歪みをもたらすことである。金融のユニバーサルサービスを実施する方法には様々なものがあり（80頁参照）、郵政民営化を見直し、金融のユニバーサルサービスを実施するのであれば金融に歪みをもたらさない方法（注137）で実施すべきである。他の実施方法が仮に国民負担を発生させるものであるとしても、郵政改革でも国民負担なくユニバーサルサービスを提供できるか定かでないのと同様である。必要な費用を明確にし、日本郵政に経営合理化の努力をもたらす方法であれば、かえって国民負担の抑制につながると考えられる。

郵政改革（ゆうちょ銀行等の株式保有）は、国民のためではなく、郵政グループのためのものとなっており（注138）、郵政グループの、親方日の丸（合理化・効率化の努力がなく、恵まれた労働環境を維持すること）、自由（放漫）な経営を求める声に対し、ユニバーサルサービスの大義名分で応えるものであると考えられる。民営化の趣旨（「官から民へ」「民間でできることは民間で」）は、官業の怠慢を除くことであり、公益的なサービスを実施させないとするものではない。郵政事業を公共サービスと位置づけることが「甘え」を許すものであってはならない。既得権を排し、経済と調和のとれた、地域のための郵便局となるような郵政民営化の見直しが行われることが望まれる。

（注137） 例えば、郵便局会社に金融窓口業務の実施を義務づけ、契約

の相手方はどの金融機関でも構わないとする。必要があれば郵便局会社に対し補助を行う（例えば日本郵政が社会・地域貢献基金から資金を交付する)。例えば、委託契約の手数料について、郵便局会社が100要求するのに対し金融機関が30しか支払わないとして交渉が難航する場合、差額（70）を補助する。

(注138)「一番まずいのは、民営化するとも国営に戻すともいわない中途半端なものだ。というのも、この状態は、すなわち誰もきちんとガバナンスしないということであるからだ。……新しい民主党政権では、小泉改革の民営化でもなく国営でもない、中途半端なヌエになる可能性が高い。そうなると喜ぶのは、特定郵便局長たちや民営化に対応できない旧郵政官僚たちだ。実際、いまのままなら、民間だから政治活動はできるし、完全な民間でないからリストラされないので、一番いいという不埒な既得権者の声が聞こえてきている」(文献48：239頁)。

参　　考

[1] 郵政民営化後の動向

平成17（2005）年

10月21日　郵政民営化関連６法案の公布（施行）。

平成18（2006）年

１月23日　日本郵政株式会社が発足。

４月１日　郵政民営化委員会が発足。

12月４日　自民党において郵政民営化造反議員の復党が認められる。

12月20日　郵政民営化委員会「郵便貯金銀行及び郵便保険会社の新規業務の調査審議に関する所見」（資料３）を公表。

平成19（2007）年

７月29日　参議院選挙。民主党が第１党となる。

８月９日　「郵政民営化法の一部を改正する法律案」（資料７）を民主党、国民新党、社会民主党が共同提出。10月１日の民営化施行日を「別に法律で定める日」とするなど、民営化を凍結させるもの。審議なく廃案。

10月１日　郵政民営化。日本郵政公社が民営化・分社化され、日本郵政株式会社を持株会社とし、傘下に４事業会社を置く体制が発足。

10月５日　日本郵政株式会社が、日本通運の宅配サービス「ペリカン便」との事業統合を発表。

10月23日　「日本郵政株式会社、郵便貯金銀行及び郵便保険会社の株式の処分の停止等に関する法律案」（資料８）を民主党、国民新党、社会民主党が共同提出。政府が保有する日本郵政株式会社の株式と、日本郵政株式会社が保有するゆうちょ銀行・かんぽ生命の両株式の売却を「別に法律で定める日」までの間凍結させるもの。

11月６日　「郵政事業の関連法人の整理・見直しに関する委員会」が最終報告を公表（資料９）。

12月23日　「日本郵政株式会社、郵便貯金銀行及び郵便保険会社の株式の処分の停止等に関する法律案」（資料８）が参議院で可決（衆議院では継続審査・廃案）。

12月26日　日本郵政株式会社が、かんぽの宿等の売却を発表。

平成20（2008）年

３月21日　日本郵政株式会社が「簡易局チャネルの強化のための検討会最終取りまとめ」（資料12）を公表。

５月１日　ゆうちょ銀行が自前のクレジットカード事業を開始。

５月12日　ゆうちょ銀行がスルガ銀行と提携し、住宅ローン事業を開始。

６月25日　日本郵政株式会社が東京中央郵便局の再開発計画を公表。

７月１日　郵便事業会社と日通が共同宅配会社（JPエクスプレス）を設立。

８月18日　日本郵政株式会社が、「郵便局等の顧客満足度調査」の結果を公表（資料13）。以降定期的に公表（資料23、136）。

９月16日　民主党と国民新党が郵政事業の抜本見直しについて合意（資料14）。

10月６日　大手印刷会社が第３種郵便物割引制度（郵便の障害者割引）を不正利用していることが報じられる（その後郵便法違反だけでなく、取調方法などの問題に発展）。

11月11日　民主党、国民新党の議員で作る「郵政見直し検証委員会」が意見表明（資料17）。

12月25日　「郵政事業の抜本的見直しの方向性」を民主党と国民新党が公表（資料18）。

平成21（2009）年

1月5日　ゆうちょ銀行が全銀システムと接続。

2月14日　鳩山総務相が「かんぽの宿」売却契約について異議を表明。

2月27日　鳩山総務相が東京中央郵便局の再開発計画の見直しを表明。

3月6日　国民新党と社会民主党が郵政民営化に関し合意（資料19）。

3月9日　日本郵政株式会社が東京中央郵便局の再開発計画の見直しを公表。

3月13日　郵政民営化委員会が「郵政民営化の進捗状況についての総合的な見直しに関する郵政民営化委員会の意見について」を公表（資料20）。郵政民営化法19条1項1号に基づく総合的見直しを行ったもの。

3月19日　郵政民営化推進本部が、郵政民営化委員会がまとめた意見書を国会に報告することを決定。

4月1日　JPエクスプレスが事業開始。

4月3日　総務省が、かんぽの宿について業務改善命令を発出。

5月29日　日本郵政株式会社の「不動産売却等に関する第三者検討委員会」が報告書を公表（資料22）。かんぽの宿売却に関し手続上の問題を指摘。

6月12日　西川社長に辞任を迫った鳩山総務相が更迭される。

7月30日　第58回郵政民営化委員会（政権交代前最後の委員会）。

8月14日　民主党と、国民新党、社会民主党が共通政策に郵政民営化見直しを設ける（資料26）。

衆議院選挙に向け各党がマニュフェストで郵政改革について言及（資料27～29）。

8月30日　衆議院総選挙。民主党が第1党となる。

9月9日　民主党と、国民新党、社会民主党が連立合意（資料30）。

9月16日　鳩山内閣発足。亀井氏が郵政改革・金融担当相に就任。

10月20日　「郵政改革の基本方針」を閣議決定（資料31）。「郵政改革法案」を次期通常国会に提出し、成立を図るもの。

10月20日　日本郵政株式会社西川社長が辞任。

10月28日　日本郵政株式会社社長に斎藤氏が就任。

10月28日　第1回郵政改革関係政策会議（資料32）。以降第16回（平成22年5月14日）まで開催（資料62、67、69～72、75、78、79、81、87～90、97）。

10月30日　「日本郵政株式会社、郵便貯金銀行及び郵便保険会社の株式の処分の停止等に関する法律案」（資料33）を民主党、国民新党、社会民主党が共同提出。以前の法案（資料8）の内容（株式売却の凍結）に加え、かんぽの宿等の売却についても凍結。

12月4日　「日本郵政株式会社、郵便貯金銀行及び郵便保険会社の株式の処分の停止等に関する法律案」（資料33）が成立。

12月11日　内閣官房による、第1回郵政改革に関するヒアリング（第2回（同月25日）も開催）（資料35～61）。

12月21日　内閣官房による、郵政改革に関する意見募集（翌年2月5日募集結果公表（資料66））。

平成22（2010）年

2月2日　国民新党と社会民主党で郵政見直しに関する基本合意（資料65）。

2月3日　亀井郵政改革・金融担当相が、日本郵政グループの雇用について言及。

2月8日　政府が「郵政改革素案」（資料68）を公表。併せて、ゆうちょ銀行の預入限度額等を引き上げる方針を公表。

2月19日　亀井郵政改革・金融担当相が、ペイオフの上限額引上げを示唆。

2月22日　亀井郵政改革・金融担当相が、ペイオフの上限額引上げを撤回。

3月4日　国民新党が「日本郵政グループの運営に関する改善要望について」（資料77）を政府に提出。

3月14日　日本郵政グループが、郵便局内の間仕切り撤去を開始。

3月24日　亀井郵政改革・金融担当相、原口総務相が郵政改革案（「郵政改革に関連する諸事項等について（談話）」（資料80））を公表。あわせて、ゆうちょ銀行の預入限度額を1,000万円から2,000万円、かんぽ生命の加入限度額を1,300万円から2,500万円へ引き上げる方針を公表（文献75、76）。

3月25日　郵政改革について、閣僚間の意見の食い違いが露呈。

3月29日　第11回郵政改革関係政策会議で郵政改革案を説明（資料81）。

3月30日　閣僚懇談会で郵政改革案を了承。

4月1日　亀井郵政改革・金融担当相、原口総務相が預金保険料引下げについて言及。

この頃、原口総務相、前原国土交通相らが、ゆうちょ銀行等の資金運用について言及。

この頃、米欧の駐日大使が平野官房長官宛に警告書簡を送付。

4月20日　亀井郵政改革・金融担当相、原口総務相が「郵政改革に関する法案骨子について（談話）」（資料84）を公表。

4月20日　原口総務相が資金運用等の私案（「郵政改革について」（資料90））を公表。

4月30日　郵政改革法案など郵政改革関連3法案（資料91）を閣議決定。「郵政改革関連法案の閣議決定にあたって（談話）」（資料）公表（資料92）。政府が郵政改革関連3法案を衆議院に提出。

5月7日　日本郵政株式会社が、「いわゆる「ファミリー企業」と報じられている法人への対応について」（資料94）を公表。

5月8日　日本郵政株式会社が、グループ内の非正規社員を正社員として採用する旨を公表。

5月17日　日本郵政株式会社の「日本郵政ガバナンス問題調査専門委員会」が報告書（資料98）を公表。西川社長の経営手法や客観的公平性に欠ける取引や財産の処分を指摘。

5月18日　郵政改革関連3法案が衆議院で審議入り。

5月20日　全銀協など金融8団体（郵政改革を考える民間金融機関の会）が共同声明（資料99）を発表。

5月21日　郵政改革についてWTO大使級協議（資料100）。

5月28日　郵政改革関連3法案が衆議院総務委員会で可決。審議時間は約6時間。

5月31日　郵政改革関連3法案が衆議院本会議で可決（参議院で審議未了、廃案）。

6月4日　民主党代表選で菅氏が勝利。国民新党亀井氏との会談後、「今国会で成立を期すと合意した」と表明。

6月11日　民主党・国民新党の間で6月4日の合意を確認（資料101、102）。

6月11日　亀井郵政改革・金融担当相が、法案担当閣僚として廃案の責任をとって辞任。後任に自見氏が就任。

7月1日　JPエクスプレスを廃止し、郵便事業会社がペリカン便を吸収。

この頃、ゆうパックに大規模な遅配が発生。

参議院選挙に向け各党がマニュフェストで郵政改革について言及（資料103～110）

7月11日　参議院選挙。自民党が第1党となる。

7月22日　国民新党と社会民主党で郵政改革法案について合意

（資料113）。

8月10日　総務省が、ゆうパック遅配に関し郵便事業株式会社に対し業務改善命令を発出。

8月19日　郵政民営化委員会約1年ぶりに再開（第59回）。ゆうパック遅配に伴う郵便事業株式会社に対する命令について総務省が説明（資料115）。

9月7日　総務省政務2役が「金融2社の委託がなくなった状態の郵便事業の収支（試算）」（資料116）を公表。

9月17日　国民新党と民主党で、3党連立政権合意書（資料30）を引き継ぐとともに、郵政改革法案についてすみやかに成立を期すことを合意（資料117）。

10月13日　政府が、郵政改革関連3法案（資料124）を再提出（衆議院で継続審議）。

11月10日　日本郵政が、非正規社員の正社員登用試験に8,438人が合格したと公表。

11月19日　みんなの党が、「郵政民営化の確実な推進のための日本郵政株式会社、郵便貯金の銀行及び郵便保険会社の株式の処分の停止等に関する法律を廃止する等の法律案」（資料132）を参議院に提出（継続審査）。

12月2日　菅首相（民主党代表）と亀井国民新党代表が会談し、来年の通常国会で郵政改革法案を成立させることを確認（資料134）。

平成23（2011）年

1月11日　郵便事業株式会社が、平成24年度の新卒採用を総合職と一般職の全職種で中止すると発表。

2月3日　国民新党・民主党・社民党で「郵政等三党合意を考える会」を発足。郵政改革法案、労働者派遣法の改正を目指す。

この頃、郵便事業株式会社で非正規社員の雇い止めの方針を決定。

3月4日　自民党が「郵便局の新たな利活用を推進する議員連盟」を発足。

3月7日　民主党の衆議院の当選1回有志議員が、マニフェストに掲げた郵政改革法案を今国会で成立させるよう求める署名を党幹事長らに提出。

4月2日　国民新党が、統一地方選における民主党候補の推薦の取消しを公表。

2　郵政改革関連資料

平成17（2005）年

1　「郵政改革法案」（民主党平成17年10月３日提出）

平成18（2006）年

2　「郵政民営化に対する考え方」（全国銀行協会平成18年11月１日、郵政民営化委員会第13回提出資料）

3　「郵便貯金銀行及び郵便保険会社の新規業務の調査審議に関する所見」（郵政民営化委員会平成18年12月20日）

平成19（2007）年

4　「「郵便貯金銀行及び郵便保険会社の新規業務の調査審議に関する所見」に対する意見」（㈳全国地方銀行協会平成19年１月17日）

5　「「郵便貯金銀行及び郵便保険会社の新規業務の調査審議に関する所見」に対する意見」（全国銀行協会平成19年１月30日）

6　「「郵便貯金銀行及び郵便保険会社の新規業務の調査審議に関する所見」に対する意見」（㈳第二地方銀行協会平成19年１月30日）

7　「郵政民営化法の一部を改正する法律案」（民主党、国民新党、社会民主党平成19年８月９日提出）

8　「日本郵政株式会社、郵便貯金銀行及び郵便保険会社の株式の処分の停止等に関する法律案」（民主党、国民新党、社会民主党平成19年10月23日）

9　「郵政事業の関連法人の整理・見直しに関する委員会の最終報告」（日本郵政平成19年11月６日）

平成20（2008）年

10　「株式会社ゆうちょ銀行及び株式会社かんぽ生命保険の新規業務に関する郵政民営化委員会の意見」（郵政民営化委員会平成20年２月22日）

11 「郵便事業株式会社の新規業務（貨物自動車運送事業、石油販売業、自動車分解整備事業及びこれらに附帯する業務）に関する郵政民営化委員会の意見」（郵政民営化委員会平成20年２月22日）

12 「簡易局チャネルの強化のための検討会最終取りまとめ」（日本郵政平成20年３月21日）

13 「郵便局等の顧客満足度調査」（日本郵政平成20年８月18日）

14 「合意書」（民主党・国民新党平成20年９月16日）

15 規制改革に関するEUの対日提案（平成20年10月２日）

16 日米規制改革イニシアティブにおける米国政府の要望（平成20年10月15日）

17 「郵政事業における国民の権利を保障するための改革委員会での国民新党、民主党合同の意見表明」（郵政事業見直し検証委員会（国民新党、民主党）平成20年11月11日）

18 「郵政事業の抜本的見直しの方向性」（郵政事業見直し検証委員会（国民新党、民主党）平成20年12月25日）

平成21（2009）年

19 「合意書」（国民新党、社会民主党平成21年３月６日）

20 「郵政民営化の進捗状況についての総合的な見直しに関する郵政民営化委員会の意見について」（郵政民営化委員会平成21年３月13日）

21 「郵政民営化の進捗状況についての総合的な見直しに関する郵政民営化委員会の意見について」の公表について（全国銀行協会平成21年３月13日）

22 「不動産売却等に関する第三者検討委員会報告書」（日本郵政平成21年５月29日）

23 第２回「日本郵政グループ顧客満足度調査」（日本郵政平成21年６月５日）

24 「規制改革及び競争政策イニシアティブ」に関する日米両国首脳への第８回報告書（平成21年７月６日）

25 「かんぽの宿等の経営改善計画について」(日本郵政平成21年7月30日、郵政民営化委員会第58回提出資料)
26 「衆議院選挙に当たっての共通政策」(民主党、社会民主党、国民新党平成21年8月14日)
27 「民主党マニフェスト2009」(民主党)
28 「民主党政策INDEX 2009」(民主党)
29 「国民新党2009政権政策」(国民新党)
30 「三党連立政権合意書」(平成21年9月9日)
31 「郵政改革の基本方針」(閣議決定平成21年10月20日)
32 第1回郵政改革関係政策会議資料(平成21年10月28日)
33 「日本郵政株式会社、郵便貯金銀行及び郵便保険会社の株式の処分の停止等に関する法律案」(民主党、国民新党、社会民主党平成21年10月30日)
34 「郵政復活プロジェクト　郵政事業における新たなる事業展開に関する国民新党の提言」(国民新党平成21年12月8日)
35 郵政改革に関するヒアリング資料(東京国際大学経済学部教授田尻嗣夫平成21年12月11日)
36 郵政改革に関するヒアリング資料(全国市長会平成21年12月11日)
37 郵政改革に関するヒアリング資料(全国町村会平成21年12月11日)
38 郵政改革に関するヒアリング資料(日本郵政グループ労働組合平成21年12月11日)
39 郵政改革に関するヒアリング資料(全国都道府県議会議長会平成21年12月11日)
40 郵政改革に関するヒアリング資料(全国市議会議長会平成21年12月11日)
41 郵政改革に関するヒアリング資料(全国町村議会議長会平成21年12月11日)
42 郵政改革に関するヒアリング資料(全国地域婦人団体連絡協議

会平成21年12月11日）

43　郵政改革に関するヒアリング資料（㈶日本消費者協会平成21年12月11日）

44　郵政改革に関するヒアリング資料（全国郵便局長会平成21年12月11日）

45　郵政改革に関するヒアリング資料（全国簡易郵便局連合会平成21年12月11日）

46　郵政改革に関するヒアリング資料（慶應義塾大学商学部教授井手秀樹平成21年12月11日）

47　郵政改革に関するヒアリング資料（郵政産業労働組合平成21年12月11日）

48　郵政改革に関するヒアリング資料（全国知事会平成21年12月11日）

49　郵政改革に関するヒアリング資料（㈳太陽経済の会代表理事山﨑養世平成21年12月11日）

50　郵政改革に関するヒアリング資料（慶應義塾大学経済学部教授吉野直行平成21年12月11日）

51　郵政改革に関するヒアリング資料（全国銀行協会平成21年12月11日）

52　郵政改革に関するヒアリング資料（㈳全国地方銀行協会平成21年12月11日）

53　郵政改革に関するヒアリング資料（㈳全国信用金庫協会平成21年12月11日）

54　郵政改革に関するヒアリング資料（㈳全国信用組合中央協会平成21年12月11日）

55　郵政改革に関するヒアリング資料（農林中央金庫平成21年12月11日）

56　郵政改革に関するヒアリング資料（㈳生命保険協会平成21年12月11日）

57　郵政改革に関するヒアリング資料（全国郵便輸送協会平成21年

12月11日）

58　郵政改革に関するヒアリング資料（㈳航空貨物運送協会平成21年12月11日）

59　郵政改革に関するヒアリング第２回資料（欧州ビジネス協会平成21年12月18日）

60　郵政改革に関するヒアリング第２回資料（CAPECジャパン平成21年12月24日）

61　郵政改革に関するヒアリング第２回資料（在日米国商工会議所（ACCJ）平成21年12月25日）

62　第２回郵政改革関係政策会議資料（平成21年12月25日）

平成22（2010）年

63「郵政改革における国民新党の考えについて」（国民新党平成22年１月13日）

64「郵政改革に関する意見」（経済同友会平成22年１月19日）

65「郵政見直しに関する社会民主党と国民新党の基本合意」（社会民主党、国民新党平成22年２月２日）

66「郵政改革に関する意見募集結果」（郵政改革推進室平成22年２月５日）

67　第３回郵政改革関係政策会議資料（平成22年２月８日）

68「郵政改革素案」（郵政改革関係政策会議資料平成22年２月８日）

69　第４回郵政改革関係政策会議資料（平成22年２月10日）

70　第５回郵政改革関係政策会議資料（平成22年２月17日）

71　第６回郵政改革関係政策会議資料（平成22年２月22日）

72　第７回郵政改革関係政策会議資料（平成22年２月23日）

73「郵政改革に関する私どもの考え方」（全国銀行協会平成22年２月23日）

74「日本の郵政改革素案に関する共同声明」（在日米国商工会議所、在日欧州ビジネス協会等13団体平成22年２月26日）

75　第８回郵政改革関係政策会議資料（平成22年２月26日）
76 「郵政改革にかかる当会の見解について」（生命保険協会平成22年３月４日）
77 「日本郵政グループの運営に関する改善要望について」（国民新党平成22年３月４日）
78　第９回郵政改革関係政策会議資料（平成22年３月９日）
79　第10回郵政改革関係政策会議資料（平成22年３月24日）
80 「郵政改革に関連する諸事項等について（談話）」（郵政改革担当大臣、総務大臣平成22年３月24日）
81　第11回郵政改革関係政策会議資料（平成22年３月29日）
82 「郵政改革の方向性について」（全国銀行協会平成22年３月24日）
83 「郵政改革について」（全国銀行協会平成22年４月15日）
84 「郵政改革に関する法案骨子について（談話）」（平成22年４月20日）
85 「郵政改革について」（総務大臣配布資料平成22年４月20日）
86 「郵政改革に関連する法案骨子の公表について」（全国銀行協会平成22年４月20日）
87　第12回郵政改革関係政策会議資料（平成22年４月20日）
88　第13回郵政改革関係政策会議資料（平成22年４月20日）
89　第14回郵政改革関係政策会議資料（平成22年４月23日）
90　第15回郵政改革関係政策会議資料（平成22年４月28日）
91 「郵政改革法案」等関連３法案（平成22年４月30日）
92 「郵政改革関連法案の閣議決定にあたって（談話）」（平成22年４月30日）
93 「郵政改革関連法案の閣議決定について」（全国銀行協会平成22年４月30日）
94 「いわゆる「ファミリー企業」と報じられている法人への対応について」（日本郵政平成22年５月７日）
95 「日本の郵政改革法案に関する共同声明」（在日米国商工会議

所、在日欧州ビジネス協会等14団体平成22年5月10日)
96 「日本郵政グループの経営に関するケーススタディ」(大塚副大臣平成22年5月14日)
97 第16回郵政改革関係政策会議資料(平成22年5月14日)
98 「日本郵政ガバナンス問題調査専門委員会報告書」(総務省平成22年5月17日)
99 「郵政改革を考える民間金融機関の会共同声明」(平成22年5月20日)
100 「郵政改革についてWTO大使級協議におけるプレスリリース」(平成22年5月21日)
101 「覚書」(民主党、国民新党平成22年6月11日)
102 「確認書」(民主党、国民新党平成22年6月11日)
103 「民主党の政権政策マニフェスト2010」(民主党)
104 「自民党政策集J－ファイル2010(マニフェスト)」(自由民主党)
105 「公明党マニフェスト2010」(公明党)
106 「国民新党マニフェスト」(国民新党)
107 「アジェンダ2010」(みんなの党)
108 「公約」(共産党)
109 「政策宣言2010」(たちあがれ日本)
110 「新党改革の約束2010」(新党改革)
111 「全国郵便局長会の皆様方へ」(国民新党平成22年7月7日)
112 「国民新党の皆様へ」(民主党平成22年7月7日)
113 「合意書」(社会民主党、国民新党平成22年7月22日)
114 「保険金等の支払点検に係る調査結果等について」(管理機構、かんぽ生命(簡易生命保険管理業務受託者)平成22年7月23日)
115 「ゆうパック遅配に伴う郵便事業株式会社法第12条第2項に基づく監督上の命令の発出について」(総務省郵政行政部郵便課平成22年8月19日、郵政民営化委員会第59回提出資料)
116 「金融2社の委託がなくなった状態の郵便事業の収支(試算)」

(総務省政務２役平成22年９月７日)

117 「合意書」(民主党、国民新党平成22年９月17日)

118 「郵政改革法案及び労働者派遣法改正案の早期成立を求める申し入れ」(国民新党、新党日本、社会民主党平成22年９月24日)

119 「郵政改革関連法案の閣議決定について」(全国銀行協会平成22年10月８日)

120 「郵政改革関連法案の閣議決定について」(JAグループ平成22年10月８日)

121 「郵政改革に対する基本的な考え方」(全国銀行協会平成22年10月８日、郵政民営化委員会第60回提出資料)

122 「郵政改革について」(㈳生命保険協会平成22年10月８日、郵政民営化委員会第60回提出資料)

123 「郵政改革に対する見解」(在日米国商工会議所、欧州ビジネス協会平成22年10月８日、郵政民営化委員会第60回提出資料)

124 「郵政改革法案」等関連３法案(平成22年10月13日)

125 「郵政改革に関する地銀界の考え方」(㈳全国地方銀行協会平成22年11月２日、郵政民営化委員会第61回提出資料)

126 「日本郵政株式会社の民営化対応について」(㈳第二地方銀行協会平成22年11月２日、郵政民営化委員会第61回提出資料)

127 「ゆうちょ改革に対する信用金庫業界の考え方」(㈳全国信用金庫協会平成22年11月２日、郵政民営化委員会第61回提出資料)

128 「郵政改革に関する信用組合の考え方」(㈳全国信用組合中央協会平成22年11月２日、郵政民営化委員会第61回提出資料)

129 「郵政改革法案の閣議決定にあたってのJAグループの見解」(全国農業協同組合中央会、全国共済農業協同組合連合会及び農林中央金庫平成22年11月２日、郵政民営化委員会第61回提出資料)

130 「郵政改革に対する考え方」(農林中央金庫平成22年11月２日、郵政民営化委員会第61回提出資料)

131 「「郵政改革」について」(全国共済農業協同組合連合会平成22

年11月２日、郵政民営化委員会第61回提出資料）

132 「郵政民営化の確実な推進のための日本郵政株式会社、郵便貯金銀行及び郵便保険会社の株式の処分の停止等に関する法律を廃止する等の法律案」（平成22年11月19日）

133 平成22年度第14回税制調査会（平成22年11月30日）議事録

134 「国民新党幹事長へ」（民主党平成22年12月２日）

135 「郵便事業㈱「年末繁忙期に係る宅配遅配再発防止策等の実施状況等に関する報告」について」（総務省郵政行政部平成22年12月15日、郵政民営化委員会第62回提出資料）

136 第３回「日本郵政グループ顧客満足度調査」（日本郵政平成22年12月16日）

137 「政権政策2010」（国民新党HP）

138 「郵政改革法案」（国民新党HP）

139 「日本郵政グループ非正規社員の正社員化」（国民新党HP）

平成23（2011）年

140 「郵便事業㈱の収支改善施策等に係る報告の概要」（総務省郵政行政部平成23年２月４日、郵政民営化委員会第64回提出資料）

3　郵政改革関連文献

平成16（2004）年

1 「郵政民営化で始まる物流大戦争―売上高24兆円の超巨大複合企業が動く！」鈴木邦成（平成16年9月かんき出版）

2 「郵貯崩壊―国が「民営化」を急ぐ本当の理由」仁科剛平（平成16年10月祥伝社）

平成17（2005）年

3 「第二のビッグバン「郵政民営化」の衝撃」青柳孝直（平成17年4月総合法令出版）

4 「ジャパンポスト―郵政民営化　40万組織の攻防（B&Tブックス）」八木沢徹（平成17年4月日刊工業新聞社）

5 「郵貯消滅」跡田直澄（平成17年5月PHP研究所）

6 　自見庄三郎HP（平成17年6月）

7 「郵政3事業の民営化」深尾光洋（「「官製市場」改革（シリーズ現代経済研究）」八代尚宏編より）（平成17年6月日本経済新聞社）

8 「あすなろ村の惨劇―郵政民営化の素朴な不安」野村正樹（平成17年6月郵研社）

9 「だまされるな！郵政民営化」荒井広幸、山崎養世、八木沢徹（平成17年8月新風舎）

10 「郵政何が問われたのか」世川行介（平成17年9月現代書館）

11 「日本郵政　解き放たれた「巨人」」町田徹（平成17年11月日本経済新聞社）

12 「これならわかる！「郵政民営化」」松原聡（平成17年11月中央経済社）

13 「郵政民営化関連法案の問題点と郵政改革の課題」庄村勇人（平成17年12月愛知学泉大学コミュニティ政策学部紀要）

平成18（2006）年

14 「郵便局―民営化の未来図を読む」日本経済新聞社（編集）（平成18年1月日本経済新聞社）

15 「郵政民営化の金融社会学」滝川好夫（平成18年2月日本評論社）

16 「郵政民営化―誰のための民営化か」猪瀬直樹（「〈戦う講座〉1この国のゆくえ」猪瀬直樹編）（平成18年3月ダイヤモンド社）

17 「郵政民営化―誰のための民営化か」松原聡（「〈戦う講座〉1この国のゆくえ」猪瀬直樹編）（平成18年3月ダイヤモンド社）

18 「郵政民営化―誰のための民営化か」五十嵐文彦（「〈戦う講座〉1この国のゆくえ」猪瀬直樹編）（平成18年3月ダイヤモンド社）

19 「郵政民営化―誰のための民営化か」荒井広幸（「〈戦う講座〉1この国のゆくえ」猪瀬直樹編）（平成18年3月ダイヤモンド社）

20 「どこが問題！郵政民営化」市民の声江東（編集）、白川真澄（講演）（平成18年3月樹花舎）

21 「主権在米経済「郵政米営化」戦記」小林興起（平成18年5月光文社）

22 「開発主義の暴走と保身―金融システムと平成経済」池尾和人（平成18年6月NTT出版）

23 「郵政民営化に向けた今後の課題」橋本賢治（「立法と調査」第257号平成18年7月参議院）

24 「民営化という名の労働破壊―現場で何が起きているか」藤田和恵（平成18年9月大月書店）

25 「郵政民営化ハンドブック」郵政民営化研究会（平成18年9月ぎょうせい）

26 「どうして郵政民営化なの？」鈴木史朗（平成18年10月鳥影社）

平成19（2007）年

27 「『ゆうちょ銀行』民営化後の業務概要と地域金融機関における預金への影響」品田雄志（「信金中金月報」平成19年2月号信金

中金地域・中小企業研究所）
28 「郵政民営化にみる公共性の再編」橋本努（「公営企業」平成19年5月号地方財務協会）
29 「郵政改革の原点」生田正治（平成19年6月財界研究所）
30 「日本郵政公社の経営改革と展望」生田正治（「日本の基本問題」現代の政治・経済を考える「樫の会」編）（平成19年6月勁草書房）
31 「民営化で誰が得をするのか—国際比較で考える（平凡社新書）」石井陽一（平成19年7月平凡社）
32 「郵政民営化の焦点—「小さな政府」は可能か—（増補新訂版）」野村健太郎（平成19年9月税務経理協会）
33 「ゆうちょ銀行」有田哲文、畑中徹（平成19年9月東洋経済新報社）
34 「どうなる「ゆうちょ銀行」「かんぽ生保」—日本郵政グループのゆくえ」滝川好夫（平成19年9月日本評論社）
35 「挑戦—日本郵政が目指すもの」西川善文（平成19年9月幻冬舎）
36 「郵政民営化とその課題」田中直毅（国際公共政策研究センターHP理事長コーナー、今週のひとこと第24回平成19年9月25日）
37 「財投改革の経済学」高橋洋一（平成19年10月東洋経済新報社）
38 「「郵便局」を信じるな」（週刊ダイヤモンド平成19年12月22日号ダイヤモンド社）

平成20（2008）年
39 「闘う経済学　未来をつくる「公共政策論」入門」竹中平蔵（平成20年5月集英社インターナショナル）
40 「増補　民営化という虚妄（ちくま文庫）」東谷暁（平成20年12月筑摩書房）

平成21（2009）年

41 「郵政民営化後の課題—金融のユニバーサルサービスの確保を中心として」橋本賢治（「立法と調査」第288号平成21年1月参議院）

42 「公的金融の現代的役割」金融調査研究会（平成21年2月金融調査研究会事務局）

43 「七人の政治家の七つの大罪」平沼赳夫（平成21年4月講談社）

44 「日本郵政の暗部」（「週刊ダイヤモンド」平成21年5月23日号ダイヤモンド社）

45 「「かんぽの宿」一括売却は日本郵政と巨大労組の「馴れ合い」だった」（「テーミス」平成21年7月号テーミス）

46 「間違いだらけの郵政民営化に宣戦布告！」赤川善樹（平成21年9月創芸社）

47 「ゆうちょ銀行破綻　日本人のための「もう騙されない」経済入門」森木亮（平成21年9月フォレスト出版）

48 「恐慌は日本の大チャンス」高橋洋一（平成21年9月講談社）

49 「政権交代バブル」竹中平蔵（平成21年10月PHP研究所）

50 「今週のキーワード　見直し案の紛糾で論点が雲散霧消　誰も語らない郵政民営化の“費用対効果”」真壁昭夫（ダイヤモンドオンライン平成21年11月10日）

51 「郵政民営化の現状」中里孝（「調査と情報」第656号平成21年11月国立国会図書館）

52 「“民営郵政”改革の舵取り」田尻嗣夫（「金融ジャーナル」平成21年12月号金融ジャーナル社）

平成22（2010）年

53 「ウォールストリートジャーナルより」（朝日新聞11面平成22年2月2日）

54 「郵政民営化見直し　金融の全国一律サービス、3事業一体の運営を目指す与党」（「エコノミスト」平成22年2月8日号毎日新

聞社）
55 「金融の肥大化を危ぶむ」（朝日新聞３面平成22年２月11日）
56 記事（日本経済新聞５面平成22年２月20日）
57 「「公社」よりひどい郵政見直し案」岩橋慶市（産経新聞７面平成22年２月21日）
58 「鳩山内閣の「二重人格政策」が日本の破局を招く」（「中央公論」平成22年２月号中央公論新社）
59 「民主党政権の郵政見直し本格化も止められるモラル低下への対応」浪川攻（「金融ビジネス」平成22年Winter東洋経済新報社）
60 「民営化で郵便局は思考停止した」柘植芳文（「金融ビジネス」平成22年Winter東洋経済新報社）
61 「郵政株式売却凍結法は郵政グループを救うのか」木村佳弘（「都市問題」平成22年２月号都市市政調査会）
62 「政策論議抜き、情緒論のみで実質“再国有化”へ」生田正治（「都市問題」平成22年２月号都市市政調査会）
63 「国民に真に役立つ郵政のための改革案」荒井広幸（「都市問題」平成22年２月号都市市政調査会）
64 「政治主導による元官僚の登用が意味するもの」川北隆雄（「都市問題」平成22年２月号都市市政調査会）
65 「過疎・高齢化する地域のコミュニケーション拠点づくり」金子勇（「都市問題」平成22年２月号都市市政調査会）
66 「政府案は「壮大な民業圧迫」」生田正治（朝日新聞17面平成22年３月３日）
67 「「鯨」のまま、「金魚」追い出すな」河野良雄（朝日新聞17面平成22年３月３日）
68 「民と協力、地域にお金還流を」大塚耕平（朝日新聞17面平成22年３月３日）
69 「既得権益にも切り込め」（朝日新聞７面平成22年３月５日）
70 「郵政改革の論点」駒田勇人（「週刊金融財政事情」平成22年３

月８日号金融財政事情研究会）
71 「郵政改革の論点」野﨑浩成（「週刊金融財政事情」平成22年３月８日号金融財政事情研究会）
72 「「郵政改悪法案」で国民負担は１兆円増える」高橋洋一（「ニュースの深層」平成22年３月15日）
73 「日本郵政の正社員化計画で、年間１兆円以上が税金投入されていた時代に逆戻り？」宮島理（ブログ平成22年３月18日）
74 「国民新党が舞台裏で進める「日本郵政の集票マシン化」」町田徹（「ニュースの深層」平成22年３月23日）
75 亀井郵政改革担当大臣会見（郵政改革担当大臣、総務大臣共同記者会見平成22年３月24日）
76 原口総務大臣会見（郵政改革担当大臣、総務大臣共同記者会見平成22年３月24日）
77 大塚内閣府郵政改革担当副大臣記者会見（平成22年３月24日）
78 「非効率な官製金融が膨張する」（読売新聞３面社説平成22年３月25日）
79 「逆戻り以上の後退だ」（毎日新聞５面社説平成22年３月25日）
80 「民の活力奪い郵政を肥大させる誤り」（日本経済新聞２面社説平成22年３月25日）
81 「経営効率は二の次か」（東京新聞５面社説平成22年３月25日）
82 「郵政改革案　肥大化の弊害を恐れる」（朝日新聞社説平成22年３月25日）
83 「「再国有化」郵政が歩む破綻への道」高橋洋一（「ニュースの深層」平成22年３月29日）
84 「郵政改革試案―国民ニーズに合致した郵政サービスへ―」（東京財団平成22年３月）
85 「郵便の赤字穴埋め許すな」池尾和人（日本経済新聞29面平成22年４月６日）
86 白川日本銀行総裁記者会見（平成22年４月７日）
87 「ゴミ扱いの郵政問題」東谷暁（産経新聞１面平成22年４月７

日）
88 「「郵政法案で日本がけっぷち」生田氏、巨大官業復活に懸念」（「SankeiBiz」平成22年４月10日）
89 「税金を使わない？」伊藤隆敏（毎日新聞７面平成22年４月15日）
90 「肥大化する郵貯が落とす影」大磯小磯（日本経済新聞３面平成22年４月15日）
91 「金曜討論　郵政改革案」田尻嗣夫（産経新聞平成22年４月16日）
92 「金曜討論　郵政改革案」岸博幸（産経新聞平成22年４月16日）
93 「正論」竹中平蔵（産経新聞平成22年４月16日）
94 「票はもらって負担は子どもに」織田一（朝日新聞15面平成22年４月20日）
95 「郵政見直しは国家権力乱用」五味広文（産経新聞11面平成22年４月20日）
96 「グランドデザインなき郵政改革　肥大化する「官製金融」のゆくえ」浪川攻（「金融ビジネス」平成22年Spring東洋経済新報社）
97 亀井郵政改革担当大臣会見（郵政改革担当大臣、総務大臣共同記者会見平成22年４月20日）
98 原口総務大臣会見（郵政改革担当大臣、総務大臣共同記者会見平成22年４月20日）
99 記事（日本経済新聞４面平成22年４月21日）
100 「規制改革の流れは押し戻せない」大磯小磯（日本経済新聞15面平成22年４月21日）
101 「公益追求、企業でも可能」八代尚宏（日本経済新聞25面平成22年４月22日）
102 「郵政改革仕切り直しの視点」大磯小磯（日本経済新聞17面平成22年４月23日）
103 「郵便事業の将来性がみえてこない」平尾光司（「金融財政事

情」平成22年４月26日号金融財政事情研究会）
104 「拡大のツケ、国民に回すな」大村敬一（日本経済新聞19面平成22年４月26日）
105 「収益力低く上場は困難」鹿野嘉昭（日本経済新聞25面平成22年４月27日）
106 「米GSE危機を教訓に」武田洋子（日本経済新聞29面平成22年４月28日）
107 亀井郵政改革担当大臣会見（平成22年４月30日）
108 「歴史の歯車が回らない」（東京新聞５面社説平成22年５月１日）
109 「事実上の国有化、論理破綻民主党には投票しない」（「週刊東洋経済」平成22年５月１・８日号東洋経済新報社）
110 斎藤日本郵政株式会社社長会見（平成22年５月７日）
111 「財政規律損なう国債「消化機関」化「国民貯蓄」の毀損リスクも」河村小百合（「エコノミスト」平成22年５月11日号毎日新聞社）
112 「住宅公社の巨額債務　国民負担5.5兆円の危機」松本康宏（「エコノミスト」平成22年５月11日号毎日新聞社）
113 「民営化つぶせば禍根残す」（産経新聞２面社説平成22年５月25日）
114 「郵政改革関連法案の分析」松尾直彦（「週刊金融財政事情」平成22年５月31日号金融財政事情研究会）
115 「郵政の寿命縮める亀井・原口」（「FACTA」平成22年５月号ファクタ出版）
116 「ゆがむ郵政「改革」」増田寛也（産経新聞９面平成22年６月８日）
117 「ゆがむ郵政「改革」」太田弘子（産経新聞９面平成22年６月８日）
118 「正論」竹中平蔵（産経新聞平成22年６月９日）
119 記事（産経新聞２面平成22年６月11日）

120 「郵政改革関連法案は臨時国会で仕切り直しへ」吉田豊（「週刊金融財政事情」平成22年 6 月28日号金融財政事情研究会）
121 「民営化で生じたサービス低下の回復が急務」柘植芳文（「週刊金融財政事情」平成22年 6 月28日号金融財政事情研究会）
122 「民営化路線に沿った形での見直しを求める」林芳正（「週刊金融財政事情」平成22年 6 月28日号金融財政事情研究会）
123 「「郵政国有化」で再び失われる十年」竹中平蔵（「文芸春秋」平成22年 6 月号文藝春秋社）
124 「郵政事業の抜本的見直しに向けて―郵政改革関連 3 法案―」橋本賢治（「立法と調査」第305号平成22年 6 月参議院）
125 「郵政事業の抜本的見直しをめぐる論点」中里孝（「調査と情報」第680号平成22年 6 月国立国会図書館）
126 「マニフェストから学ぶ経済学」大矢野英次（平成22年 6 月創成社）
127 「戦後日本資本主義と平成金融“恐慌”」相沢幸悦（平成22年 6 月大月書店）
128 「日本郵政「反民営化」の滅茶苦茶」（「選択」平成22年 7 月号選択出版）
129 「日本経済の嘘」高橋洋一（平成22年 8 月筑摩書房）
130 「郵政民営化委員会の再開について」田中直毅（国際公共政策研究センター HP理事長コーナー、今週のひとこと第168回平成22年 8 月25日）
131 記事：田中直毅（毎日新聞 6 面平成22年 8 月26日）
132 記事：田中直毅（朝日新聞 1 面平成22年 8 月28日）
133 「記者の目」：望月麻紀（毎日新聞11面平成22年10月 1 日）
134 記事：池尾和人（毎日新聞 6 面平成22年10月 2 日）
135 「郵便事業を仕分けする」日本経済研究センター研修リポート（平成22年10月29日公表）
136 記事：（日本経済新聞（夕） 5 面平成22年11月30日）
137 「棚ざらしは国民利益に反する」（読売新聞 3 面社説平成22年

12月１日）

平成23（2011）年

138　斎藤日本郵政株式会社社長会見（平成23年１月７日）

139　「「小さな政府」の戦略必要」谷内満（日本経済新聞平成23年１月28日）

140　「国際金融戦争下における郵政改革の問題点」渡辺嘉美（「週刊金融財政事情」平成23年１月24日号金融財政事情研究会）

141　「郵政民営化推進法案」渡辺嘉美（「週刊金融財政事情」平成23年１月31日号金融財政事情研究会）

142　「農協の信用事業分離論②」渡辺嘉美（「週刊金融財政事情」平成23年２月14日号金融財政事情研究会）

143　「「郵政」亡国論　１枚の切手から見える“日本沈没”のシナリオ（ワニブックスPLUS新書）」池田健三郎（平成23年２月KKベストセラーズ）

4　郵政改革関連国会質問主意書

1　平成21年２月10日提出質問第113号（衆議院）「日本郵政によるかんぽの宿一括売却の是非等に関する質問主意書（鈴木宗男）

2　平成21年２月16日提出質問第124号（衆議院）「かんぽの宿売却に関する質問主意書」（岡本充功）

3　平成21年10月29日提出質問第18号（衆議院）「日本郵政に関する質問主意書」（山内康一）

4　平成21年10月30日提出質問第30号（衆議院）「日本郵政株式会社社長等の人事と政府の天下り問題への対応に関する質問主意書」（柿澤未途）

5　平成21年11月12日提出質問第72号（衆議院）「日本郵政に関する再質問主意書」（山内康一）

6　平成21年11月20日提出質問第91号（衆議院）「郵政民営化見直しに関する質問主意書」（山内康一）

7　平成21年11月24日提出質問第103号（衆議院）「日本郵政株式会社の人事等に関する質問主意書」（柿澤未途）

8　平成22年１月19日提出質問第８号（衆議院）「日本郵政株式会社の人事等に関する質問主意書」（柿澤未途）

9　平成22年２月９日提出質問第93号（衆議院）「日本郵政グループの非正規社員に関する質問主意書」（柿澤未途）

10　平成22年２月９日提出質問第94号（衆議院）「日本郵政グループの物品調達に関する質問主意書」（柿澤未途）

11　平成22年２月18日提出質問第129号（衆議院）「日本郵政株式会社の人事等に関する再質問主意書」（柿澤未途）

12　平成22年２月24日提出質問第163号（衆議院）「郵政民営化見直しに関する質問主意書」（塩崎恭久）

13　平成22年３月26日提出質問第315号（衆議院）「郵政改革による民業圧迫に関する質問主意書」（後藤田正純）

14　平成22年４月１日提出質問第341号（衆議院）「日本グループの

コンプライアンスに関する質問主意書」（柿澤未途）

15　平成22年４月１日提出質問第342号（衆議院）「郵便局の「間仕切り」及び監視カメラの撤去に関する質問主意書」（柿澤未途）

16　平成22年４月６日提出質問第355号（衆議院）「郵政民営化見直し及び駐日米大使・駐日欧州連合大使からの書簡に関する質問主意書」（柿澤未途）

17　平成22年４月26日提出質問第423号（衆議院）「郵政民営化見直し及び駐日米大使・駐日欧州連合大使からの書簡に関する再質問主意書」（山内康一）

18　平成22年６月２日提出質問第527号（衆議院）「郵政改革法案に関する質問主意書」（橘慶一郎）

19　平成22年６月２日提出質問第528号（衆議院）「日本郵政株式会社法案に関する質問主意書」（橘慶一郎）

20　平成22年６月２日提出質問第529号（衆議院）「郵政改革法及び日本郵政株式会社法の施行に伴う関係法律の整備等に関する質問主意書」（橘慶一郎）

21　平成22年10月21日提出質問第55号（参議院）「日本郵政グループの運営に関する質問主意書」（中西健治）

22　平成22年11月25日提出質問第122号（参議院）「日本郵政グループの運営に関する再質問主意書」（中西健治）

23　平成23年２月２日提出質問第36号（衆議院）「日本郵便の来春採用見送りに関する質問主意書」（木村太郎）

24　平成23年２月23日提出質問第89号（参議院）「郵政における非正規社員の雇用に関する質問主意書」（又市征治）

25　平成23年３月８日提出質問第94号（参議院）「日本郵政グループの運営に関する質問主意書」（中西健治）

KINZAIバリュー叢書
郵政民営化と郵政改革
—経済と調和のとれた、地域のための郵便局を

平成23年11月21日　第1刷発行

著　者　郵政改革研究会
発行者　倉　田　　勲
印刷所　株式会社日本制作センター

〒160-8520　東京都新宿区南元町19
発　行　所　一般社団法人 金融財政事情研究会
編 集 部　TEL 03(3355)2251　FAX 03(3357)7416
販　　売　株式会社 き ん ざ い
販売受付　TEL 03(3358)2891　FAX 03(3358)0037
URL http://www.kinzai.jp/

・本書の内容の一部あるいは全部を無断で複写・複製・転訳載すること、および磁気または光記録媒体、コンピュータネットワーク上等へ入力することは、法律で認められた場合を除き、著作者および出版社の権利の侵害となります。
・落丁・乱丁本はお取替えいたします。定価はカバーに表示してあります。

ISBN978-4-322-11940-4

創刊 KINZAIバリュー叢書　好評発売中

金融　法務　経営　一般

金融危機の本質―英米当局者7人の診断
●石田晋也［著］・四六判・260頁・定価1,680円（税込⑤）

金融リスク管理の現場
●西口健二［著］・四六判・236頁・定価1,470円（税込⑤）

営業担当者のための **心でつながる顧客満足〈CS〉向上術**
●前田典子［著］・四六判・164頁・定価1,470円（税込⑤）

粉飾決算企業で学ぶ **実践「財務三表」の見方**
●都井清史［著］・四六判・212頁・定価1,470円（税込⑤）

金融機関のコーチング「メモ」
●河西浩志［著］・四六判・228頁・本文2色刷・定価1,890円（税込⑤）

クラウドと法
●近藤　浩・松本　慶［著］・四六判・256頁・定価1,890円（税込⑤）

最新保険事情
●嶋寺　基［著］・四六判・256頁・定価1,890円（税込⑤）

経営者心理学入門
●澁谷耕一［著］・四六判・240頁・定価1,890円（税込⑤）

実践ホスピタリティ入門―氷が溶けても美味しい魔法の麦茶
●田中　実［著］・四六判・208頁・定価1,470円（税込⑤）

矜持あるひとびと―語り継ぎたい日本の経営と文化―〔1〕
●原　誠［編著］・四六判・260頁・定価1,890円（税込⑤）

矜持あるひとびと―語り継ぎたい日本の経営と文化―〔2〕
●原　誠［編著］・四六判・252頁・定価1,890円（税込⑤）

矜持あるひとびと―語り継ぎたい日本の経営と文化―〔3〕
●原　誠・小寺智之［編著］・四六判・268頁・定価1,890円（税込⑤）